ARLETE CERQUEIRA LIMA

Professora Emérita pela Universidade Federal da Bahia (UFBA) – Instituto de Matemática.

Professora Adjunto da Universidade Estadual de Feira de Santana.

LÓGICA FORMAL

Origens e Aplicações

Salvador – 2017

1

Pantheos
Publishing

AGRADECIMENTOS ESPECIAIS

A **Newton Hart Cerqueira Lima**,

que preferiu

a intensidade à longevidade.

A meus filhos mais velhos **Simone e Daniel**,

que me ensinaram os caminhos da emoção.

A meus filhos mais novos **Marcos e Débora,**

que me ajudaram nas trilhas da razão.

A meus netos

Juliana

Amanda

Liz

João

Léa

Maia

AGRADECIMENTOS

A **Odete**, minha irmã e a **Fábio** (*in memoriam*),
meu cunhado,
pela acolhida carinhosa e dionisíaca
no verão de 2007
numa casa à beira do mar de Arembepe
onde as ideias partilhadas deste livro nasceram.

À minha primeira neta,
Juliana Cerqueira Lima de Oliveira
pela digitação carinhosa da primeira edição

A meu editor dessa segunda versão, *mi hijo*
Marcos Cerqueira Lima,
com quem plantei a primeira semente desse livro
(então chamado "Lógica e Linguagem")
há mais de 20 anos

Ao Prof. **Omar Catunda,**
um grande matemático da USP
que me inventou.

A **BUTI,**
minha irmã inesquecível.

4

Sumário

Prefácio de
João Carlos Salles [*]

O interesse universal da lógica faz parte de seu mistério. Em um célebre livro introdutório, singular pela elegância do estilo e pelo vezo analítico, Peter Strawson nos oferece uma boa chave para esse enigma. A lógica seria universal não tanto por estar ancorada em algum desígnio inevitável do ser ou por serem mais elevadas suas verdades. Um fato bastante simples e trivial a faria útil a todos os saberes, sem se confundir com eles. As palavras próprias da física, os conceitos característicos da economia, as ideias mais gerais da biologia têm todos cor local, não estão presentes em todos os discursos, conquanto tenham tido por vezes pretensão à universalidade, quem sabe, na forma de um positivismo, do marxismo ou do evolucionismo. Por sua feita, não há discurso significativo do qual estejam ausentes a palavra 'não', a palavra 'todo', a palavra 'algum'. E tais palavras quase vazias são exatamente as decisivas à estimação do aspecto lógico, da consistência dos discursos, das relações de implicação entre suas verdades.

A explicação simples esconde e implica uma dimensão ainda mais constitutiva da perspectiva lógica. A pretensão de verdade comum aos discursos solicita, como uma medida necessária, a concomitante estimação de sua consistência, de sorte que é, ademais, um traço próprio da lógica (a contaminar qualquer ciência) a exigência de demonstração. Esse é um crivo de rigor, que é

---

[*] Professor do Departamento de Filosofia e atual reitor da UFBA

9

limite e característica da racionalidade argumentativa, a constituir o modelo de estruturas simbólicas superiores a quaisquer contextos particulares e resistentes à veleidade de quaisquer auditórios. A lógica simboliza, pois, esse compromisso da razão com auditórios universais.

Um livro de lógica qualquer só pode começar em meio a desafios elevados. E este livro de Arlete Cerqueira Lima os enfrenta com grande determinação e clareza, colocando-se o mote da demonstração como medida mínima de sua articulação conceitual e como desafio didático. Assim, o livro não se furta a apresentar um específico contexto filosófico para o interesse da lógica, fazendo acompanhar, em gestos largos, transformações decisivas da lógica dos movimentos de monta da história da filosofia. Com isso, porém, o desafio da contextualização histórica não vem suprimir exigências internas de apresentação da matéria, como o revela seu cuidado quer com a apresentação inicial de uma estrutura algébrica quer com temas técnicos incontornáveis, como o da consistência e completude dos sistemas formalizados. Dessa forma, em muitos sentidos, o leitor pode sentir-se cuidado. Tanto por a matéria não se apresentar isolada de suas aplicações, como por o livro cuidar de sua própria apresentação, tomando o leitor pela mão e, com ele, divertindo-se em manipular sinais e símbolos.

A possibilidade de demonstrar o que é demonstrável é apresentada nesse livro com maestria e prazer. Talvez não seja mero acaso a imagem inicial de sua apresentação, uma imagem culinária, própria de alguém capaz de reunir e utilizar os mais diversos ingredientes, produzindo, ao fim e ao cabo, manjares e ambrosias. Quem teve o privilégio de ser aluno da Profa. Arlete Cerqueira

Lima não se surpreenderá então. O livro está atravessado pelo mesmo brilho no olhar, o mesmo encantamento e sofisticação que caracterizam suas aulas. E sentirá a mesma motivação de uma professora que nos acompanha em nossas manipulações simbólicas e malabarismos conceituais, disciplinando ou libertando adequadamente nossa imaginação lógica. Em suma, um livro de especial interesse para leitores que, como aprendizes ou sobretudo como docentes, desejam dar continuidade e aprofundar estudos de lógica.

Fiquei contente em saber que Arlete Cerqueira Lima, tão ligada a Salvador, nasceu em Itabaiana, Sergipe. Dizem que as pessoas de Itabaiana, cidade que tem na feira seu grande centro, não se contentam com ver as mercadorias. Ou melhor, para verem têm que tocar os produtos, percebendo-lhes assim a presença, a textura, a qualidade. Uns berkeleyanos natos, esses habitantes de Itabaiana, a aprender pelo tato a realidade das coisas, seu lugar no espaço, suas oposições matemáticas. A Profa. Arlete, parece-me agora, conserva inadvertida ou atavicamente essa boa herança, fazendo-nos estar atentos, quase na ponta dos dedos, para as operações lógicas. Com isso, vemos em seu livro um exercício elegante da racionalidade, de uma que pode acompanhar-nos do sensível ao mais inteligível.

Não deixa de ser uma imagem apropriada para um livro de lógica a que nos faz lembrar a mão a construir o espírito. Afinal, talvez esteja certo Hobbes ao rejeitar a razão como uma propriedade ínsita dos seres humanos, sendo ela, ao contrário, uma construção. Nós nos tornaríamos racionais pela manipulação do sensível, e descobriríamos a necessidade ao marcarmos o empírico, em jogos com objetos, com pedras (cálculos, portanto),

11

com os quais aprendemos a contar, a estabelecer essas relações que, doravante, parecem independentes do sensível e anteriores a qualquer aprendizado. A razão é construção. Ora, em sendo assim, esse livro saboroso da professora Arlete, voltado à lógica e suas aplicações, é um convite a uma especial aventura humana. Uma bela mostra de como, sob a égide da demonstração, podemos tecer a racionalidade.

Apresentação

Use a lógica de Aristóteles com seus silogismos, acrescente uma axiomática e expresse tudo em símbolos. Eis uma receita de Lógica Formal. As suas aplicações vêm como sobremesa.

A Parte I – Antes Da Lógica Formal – exibe preocupação com a história. Buscando suas origens na filosofia grega, tomam-se como ponto de partida oráculos e pitonisas. Mas isso é muito rápido, pois logo surge um pensamento articulado que se impõe, com críticas ao mito e ao misticismo. Com base em Platão, que distingue *sabedoria* de *amor à sabedoria*, começa-se pela *Era dos Sábios*, na Grécia Antiga, pois são eles que *"lançam luz na obscuridade, desfazem os nós, manifestam o desconhecido, determinam o incerto"*. De Tales de Mileto a Parmênides são admiradas suas concepções de universo e suas cosmologias.

Inclui-se Zenão, o eleata dialético, cujos paradoxos, segundo Bertrand Russell, constroem a base de quase todas as teorias de espaço, tempo e infinidade. Também não são esquecidos os sofistas, mestres da arte da fala e do diálogo.

O texto prossegue com a *Era dos Filósofos*, ainda em obediência a Platão. Agora, os *amantes da sabedoria* ou *filósofos*, não mais se interessam por determinar o incerto e sim *"digerir e aprimorar o já alcançado pelos sábios"*. Dentre tantos, são eleitos apenas três – Sócrates, Platão e Aristóteles. Uma convivência de vinte anos entre cada um deles e seu sucessor, num relacionamento mestre / discípulo, dá forma aos caminhos dispersos daquilo que se busca na primeira parte deste livro: o

13

pensamento dialético e a forma do diálogo, iniciados pelos sábios e aprimorados por Platão. Está assim lançada a pedra fundamental de uma teoria lógica, cujo arquiteto é Aristóteles. Seu poder e beleza só são mensuráveis por uma escala: a do tempo – do século IV a.C. ao século XIX.

Saltando da Era dos Filósofos para o Iluminismo, passa-se de Aristóteles a Boole: as luzes do simbolismo algébrico no século XIX, intensificadas pelo desenvolvimento de teorias axiomatizadas, já no século XX, impõem de modo inexorável, a transmutação dessa brilhante lógica da filosofia para a matemática sem, entretanto, deixar de se constituir num dos mais importantes domínios da filosofia contemporânea. Os ritos dessa passagem são elaborados de modo simples sem, contudo, perder o rigor.

Aos não-iniciados garante-se, no percurso desses vinte e cinco séculos, não existirem assombrações. Apenas abstrações.

A Parte II – Origem da Lógica na Matemática – começa pelo informar o que é uma *estrutura algébrica*, conhecimento obrigatório, para a teoria que está por vir. Operações binárias e suas propriedades, semelhantes às dos conjuntos numéricos, aparecem agora sob forma simbólica, portanto, mais abstratas, com vista às generalizações. Uma estrutura especial, *a álgebra booleana*, definida axiomaticamente, tem destaque constante em todo o texto por ser a base da Lógica Formal e por estar presente em todas as suas aplicações. Itens mais palpáveis se seguem: o leitor faz uma viagem que se inicia com o *Cálculo com Proposições,* semelhante ao cálculo com números; admira o enriquecimento do *universo* da teoria, com a inclusão de *sentenças condicionais*; a in-

14

trodução de *variáveis* abre espaço para as *funções proposicionais* e para os *quantificadores universal* e *existencial* que correspondem às noções de *todo* e de *algum* da lógica aristotélica. O leitor chega, assim, à *validade da argumentação*. Este é o fim, neste livro, da jornada da Lógica Formal. É a sua *parte imprescindível*.

Uma visão passageira da *Lógica e Filosofia da Pós-modernidade* é apresentada, com informações sobre as principais escolas matemático-filosóficas. Apesar de terem algo em comum, as discordâncias por elas geradas têm certamente efeitos positivos, expondo as fraquezas de teorias formalizadas. Os trabalhos de Gödel, em 1931, mostram a impossibilidade de tais teorias não terem contradições, desde que se permaneça dentro dos seus limites. Tal assunto é objeto do item *Consistência* e *Completude dos Sistemas Formalizados*. A Parte II é finalizada com informações breves sobre a existência de outras lógicas, as *não bivalentes*.

A Parte III – Aplicações da Lógica Formal – dedica-se apenas à presença da lógica na metodologia do ensino e da pesquisa, na linguagem, na ciência da computação e na teoria da probabilidade em espaços amostrais finitos.

Cada uma destas aplicações restringe-se até o ponto em que a Lógica Formal tem influência decisiva, como é mostrado a seguir:

• Na Metodologia do Ensino e da Pesquisa

Tendo em vista o objetivo deste livro, abordam-se somente os métodos que utilizam a Lógica Formal nas ciências experimentais e na matemática.

Os cientistas experimentais usam, quase sempre, o método de indução: obtêm resultados de suas experimentações, observações e testes, partindo do particular para o geral. Um sucedâneo para essa metodologia indutiva é aqui apresentado, com base em Popper, que utiliza um método de propor hipóteses que possam ser refutadas por dados empíricos. O *modus tollens* da lógica aristotélica é por ele utilizado para conseguir tal meta.

Os matemáticos usam a chamada *indução matemática*, muito frequente na aritmética. Também conhecida por *indução completa*, sua designação mais apropriada é *raciocínio por recorrência*. Entretanto, esse método, por necessitar de demonstrações no seu processo, utiliza, na verdade, um procedimento dedutivo. São, pois, os métodos dedutivos direto e indireto, os utilizados na matemática, ou nas ciências que dela se utilizam. Ambos são baseados nas regras de derivação ou de inferência da lógica aristotélica conhecidas como *modus ponens* e *modus tollens*, respectivamente. Todos os métodos aqui apresentados e exemplificados são utilizados tanto no ensino como na pesquisa.

• Na Linguagem

Destacam-se duas aplicações: nas representações linguísticas e na matemática. Tem-se consciência de que nossa linguagem natural, espontânea, está permeada de distorções sob as mais variadas formas como frases sem integralidade, sem índice referencial, sinonímias, falácias etc. Também o fato de não se saber negar expressões com estruturas complexas, nem mesmo saber justificar, às vezes, argumentos elaborados por nós próprios são alguns indicadores da necessidade do conhecimento básico da Lógica Formal, para uma boa comunicação.

Na matemática, a linguagem da lógica é imprescindível. Cantor dela se apropria para formalizar a *Teoria dos Conjuntos*, no começo do século XX, possibilitando uma grande síntese do pensamento matemático. Por esse motivo, expõe-se a Teoria dos Conjuntos como papel carbono da lógica formalizada. Ambas se fundem por serem álgebras booleanas. Ambas são responsáveis pela modernização da matemática. Exemplos ilustram a interseção da linguagem coloquial com a lógica e com a linguagem dos conjuntos.

* Na Ciência da Computação

No século XVII, o matemático francês René Descartes, ao dormir, tem um sonho inusitado: *"no século XX o mundo inteiro estaria interligado através da matemática"*. De fato, aconteceu, mas pelo computador. Entretanto, está correto o sonho profético, uma vez que os circuitos elementares dessa máquina fantástica se utilizam do sistema binário de numeração que tem a mesma estrutura algébrica da Lógica Formal. Todos os requisitos para a construção da álgebra dos circuitos booleanos são aqui apresentados, juntamente com os respectivos desenhos.

* Na Teoria da Probabilidade em Espaços Amostrais Finitos

Um pouco da teoria clássica da probabilidade é revivida, para um melhor confronto com a moderna, fundamentada na Teoria dos Conjuntos. Exercícios resolvidos mostram como, apesar do grau de abstração conferido pela álgebra de Boole dos conjuntos, a teoria da probabilidade nela baseada é leve e potente.

Em cumprimento aos propósitos desejados evita-se assustar o leitor não iniciado, sem privar os mais experientes de novas descobertas. Por isso, exemplos e exercícios utilizam, em sua grande maioria, expressões da linguagem coloquial, para tornar a formalização da lógica mais intuitiva e, portanto, mais próxima do leitor.

Este é um livro pensado para estudantes de qualquer área e, mais que isso, para toda pessoa que queira pensar logicamente. Para alcançar tal meta, não poupar demonstrações foi preciso! Atravessa-se um período em que os *porquês* estão sendo relegados. A rejeição começa na educação infantil percorrendo o longo curso até a Universidade. É fundamental não esquecer a frase de Bourbaki: *"Quem diz matemática diz demonstração"*. Tal sentença carece, entretanto, da generalização dada por Tales de Mileto no século VI a. C.: *"A questão primordial não é o que sabemos, mas como o sabemos"*.

Por essas razões, em cada texto procura-se demonstrar o demonstrável. Capricha-se na didática para o cumprimento de tal objetivo. E uma pitada da história de cada item não é esquecida.

Como você pode ler este livro:

- se você tem um conhecimento desordenado dos pré-socráticos, ou de Sócrates, Platão e Aristóteles, e deseja saber mais sobre o tempo, vida e obra de cada um, pode preencher essa lacuna com uma leitura ligeira que o livro possibilita, ao buscar as origens da Lógica Formal;
- se tem curiosidade em conhecer a origem da lógica aristotélica que, admite-se, está na dialética cultivada na era desses sábios e filósofos, leia o item correspondente;
- se quer aprimorar o conhecimento dessa lógica/dialética conseguido exaustivamente por Pla-

tão nos seus famosos Diálogos, leia o Excerto no final do livro;

- se deseja saber como todo esse conhecimento é sistematizado por Aristóteles, no século IV a.c., na sua obra *Organon*, manuseada até o século XIX, como esta é transmutada pela axiomatização e pelo simbolismo algébrico na transição para o século XX, não deixe de ler Aristóteles.

A Parte II é imprescindível até o item 2.4 – Validade da Argumentação – pois se constitui no objeto principal do livro. Se você tem *bloqueios* com raciocínios matematizados, esta é a parte *dura*. Procura-se, entretanto, dar-lhe leveza, através de exemplos da linguagem cotidiana. Um pouco de persistência certamente o leva à formalização de proposições constantes do universo da teoria estudada. E é isso, tudo o que se quer. Vencida essa etapa, é tranquila a aplicação das regras que conduzem a um raciocínio formalizado.

Ela é a interseção das Partes I e III. Com a Parte I, há em comum a lógica aristotélica, que desempenha o papel de guia para o desenvolvimento da Lógica Formal. Para sintetizar, são os silogismos do século IV, aqui abordados, a pedra fundamental da validade da argumentação do século XX. Com a Parte III, há em comum as aplicações da Lógica Formal. O item 2.5, Lógica e Filosofia da Pós-modernidade e o item 2.6, Outras Lógicas, são meramente informativos para aqueles interessados em conhecer desdobramentos mais recentes do pensamento lógico e podem ser dispensados sem prejuízo para a sequência do texto.

Todos os itens da Parte III dependem da chamada *imprescindível* Parte II. E isso é óbvio por ser a álgebra da Lógica Formal a base de todas as aplicações apresen-

19

tadas e ilustradas, tendo sempre em mira o ensino e a pesquisa.

Em cada uma das três partes, os exercícios têm um único objetivo: o de fixar definições e teoremas. Por esse motivo eles são propositadamente simples, fáceis, diretos. É, pois, um livro didático.

Espero que você encontre tanto prazer em degustar este livro quanto me deleitei em prepará-lo.

Arlete Cerqueira Lima

PARTE I
Antes da Lógica Formal

Os deuses não existindo mais e o Cristo não existindo ainda, houve (...) um momento único em que só existiu o homem.

Flaubert

1.1 Origem da Lógica na Filosofia Grega

Quem diz *filosofia grega* diz *pensamento lógico*. Se a origem da lógica está na filosofia grega, onde está a origem dessa filosofia? Subjacente às culturas orientais como a egípcia e seus enigmas? Ou nas escrituras hindus – nos Upanixades – que proclamam *"Os deuses amam o enigma e repugnam o que é manifesto"*? Na Grécia arcaica, domínio de divindades, de oráculos e de heróis? Como explicar o translado dessa religiosidade ou desse misticismo para um pensamento abstrato, lógico, discursivo? Sente-se a necessidade didática de uma ordenação. No princípio era a religião e, ligados a ela os seus mitos. Depois, a poesia e a tragédia. Na chamada Era dos Sábios depara-se com uma razão articulada e, mais que isso, com invenções que exigem um raciocínio lógico que não mais necessita de pitonisas e oráculos. Tampouco de deuses e semi-deuses. Cansam-se os homens de sua impotência para decifrar enigmas que os fazem ganhar guerras? Ou de problemas propostos por oráculos para sanear epidemias? Conta-se, por exemplo, que para livrar-se de uma peste que os castigava, os habitantes de Delos são orientados por seu oráculo para dobrar o tamanho do altar cúbico de Apolo. Para os delianos seria suficiente dobrar cada uma das dimensões do altar. O que não é correto: sem o conhecimento dos números irracionais tal tarefa é impossível. O que fazer? Resta ao homem apelar para o seu entorno, para a disputa argumentativa pelo conhecimento com o seu semelhante. Nasce a *dialética*? Admite-se, neste livro, que sim! Quando se inicia essa *arte do diálogo* ou da *discussão* é difícil precisar. Entre os sábios já se encontram argumentos *discordantes* de Tales a Parmênides e declaradamente em Zenão e nos sofistas. Entre os filósofos, essa *arte* é incrementada por Sócrates, aperfeiçoada por Platão, ampliada e sistematizada por Aristóteles.

Um exemplo esquemático de *discussão* é encontrado em Os Tópicos, uma obra da juventude de Aristóteles: "Um tema é considerado e sobre ele o *interrogante* propõe uma pergunta alternativa contendo duas expressões contraditórias. O *respondente* escolhe uma delas como sendo verdadeira e a elege como a *tese* do *diálogo* ou da *discussão*. A tarefa de quem interroga é demonstrar a proposição que contradiz a tese. Assim, alcança a vitória, pois ao provar ser esta verdadeira, demonstra ao mesmo tempo a falsidade da tese, ou seja, refuta a afirmação escolhida pelo adversário, na sua resposta inicial. Mas, a vitória do interrogante está associada a uma *demonstração* a qual é feita através de uma sequência de perguntas cujas respostas constituem o fio condutor da dedução e da conclusão: a proposição que contradiz a tese. Por outro lado, pode acontecer a vitória do respondente, quando ele consegue evitar a refutação da tese. Assim, a dialética não precisa de juízes para levantar o braço do vencedor".

É, pois, em Aristóteles, através de caminhos não lineares percorridos por sábios-filósofos, que se encontra a origem matricial da Lógica Formal. É na dialética, que leva à validade da argumentação, que estão as suas raízes. *"É ela o fenômeno maior da cultura grega, por transformar a sua concepção de homem e de mundo: consolida a substituição de personagens divinas dos tempos homéricos por personagens humanas; aparece o homem assumindo seu próprio destino, expressando suas ideias em lugar de oráculos, cedendo os deuses espaço ao cidadão-guerreiro; a cultura muda de direção e sentido: a tragédia substitui o religioso pelo cívico, a comédia passa do cômico-grotesco para a crítica política; narrações articuladas e precisas em vez de descrições lendárias; a medicina investiga causas e efeitos, abolindo prescrições de oráculos; a física sai de casulos mágicos para o estudo das relações entre fenômenos; a arte da palavra passa a ser direito do cidadão; a filosofia vai em busca da verdade através do diálogo."* E o lugar onde essas transformações acontecem é na *polis*, nas cidades coloniais gregas da Ásia Menor e, posteriormente, em Atenas.

1.2 Na Era dos Sábios

Já foi dito que os sábios têm algo mais que os filósofos por *"lançarem luz na obscuridade, por manifestarem o desconhecido"*. Alguns deixam escritos de suas teorias. De outros restam apenas fragmentos, citações ou testemunhos. Opiniões variam de autor para autor e muitas suposições são feitas. Em unanimidade, são pensadores que, em tempos remotos, se envolvem com perguntas singulares cujas respostas tem-se curiosidade em conhecer: *"qual é o bloco fundamental de toda a matéria?"*; *"o que é essa natureza que apresenta tantas variações? ela possui uma ordem ou é um caos sem nexo?"*; *"o que é essa realidade que se encontra em permanente transformação?"*; *"há uma substância última das coisas ou um princípio único que a tudo dá origem e a tudo comanda?"* A palavra grega, objeto dessas inquirições é *physis* (natureza). Assim, a pergunta, *"o que é a physis?"* faz surgir a questão sobre a origem de todas as coisas que constituem a realidade. Eles também se ocupam do mundo real em que vivem, com o seu cotidiano e com o próprio ser humano. Enfim, são os precursores da busca da racionalidade e de uma lógica para explicar o mundo, o universo e suas origens – o que constitui o ideal da filosofia.

Não é da Grécia continental que surgem os primeiros grandes nomes. São a Jônia (metade sul da Ásia Menor e a Grande Grécia), o sul da península italiana e a Sicília – o berço da civilização helênica, entre os séculos VII e VI a.C. É a cidade de Mileto, principal centro comercial e cultural da Jônia, a pátria dos três primeiros pensadores que iniciam esta história: Tales, Anaximandro e Anaxímenes, conhecidos como *os milesianos*. Eles têm algo mais em comum: são contrários ao pensamento mítico.

Tales

Figura lendária para alguns, primeiro sábio da Grécia Antiga para outros, nome de teorema ainda para nós. Para ele, *a questão primordial não é o que sabemos, mas como o sabemos.* Para Aristóteles, é ele o fundador da ciência física *(physis)* ao postular que da água tudo se origina. A *physis* tem, então, como princípio único esta matéria cósmica presente em tudo. Para Tales, *"a água, ao se resfriar, torna-se densa e dá origem à terra, ao se aquecer transforma-se em vapor e ar, que retornam como chuva quando novamente esfriados. Desse ciclo nascem as diversas formas de vida animal e vegetal".* Tal crença justifica sua explicação sobre a Terra entre os planetas: ela flutua no espaço da mesma maneira que uma bola na água. Essa teoria, por sua vez, esclarece para Tales, os tremores de terra, fenômenos considerados no Oriente Próximo e no Egito como resultante de mitos.

É provável que tenha vivido entre os anos 625-545 a.C. Diz-se que levou a geometria egípcia para a Grécia e a história lhe atribui descobertas notáveis como a previsão do eclipse solar em maio de 585 a.C., o cálculo da altura de uma pirâmide através de sua sombra e a invenção de um aparelho para o cálculo da distância de navios à costa. Nessa época, os jônios já dispõem de uma astronomia e de uma matemática muito desenvolvidas através de contatos estreitos com os povos do Oriente. Como outros filósofos da Jônia, acredita que a vida é inseparável da matéria e que Deus está em todas as suas manifestações.

É o primeiro sábio a quem associam-se descobertas matemáticas mediante raciocínios lógicos e não apenas por experimentações. É Tales o precursor de uma geometria dedutiva? Eis alguns dos teoremas cujas demonstrações lhe são atribuídas:

- os ângulos da base de dois triângulos isósceles são iguais;
- se dois triângulos têm dois ângulos e um lado respectivamente iguais, eles são iguais;
- todo diâmetro divide um círculo em duas partes iguais;
- a soma dos ângulos de um triângulo é igual a dois ângulos retos.

Pelo fato de não ter sobrevivido nenhuma obra sua, os historiadores se baseiam em antigas referências gregas ligadas à história da matemática.

Anaximandro

Em compilações de escritos filosóficos consta uma obra de Anaximandro: *Peri Physis* (Sobre a Natureza). Nela encontra-se um pequeno fragmento do seu mestre Tales. O único que se tem notícia. Vive no entorno dos anos 610-547 a.C.

É o primeiro filósofo a ter sua obra mais amplamente divulgada. Anaximandro discorda de Tales, indo em busca de um caminho diferente. Para ele, o princípio da *physis* é o *ápeiron* que pode ser interpretado como o *Indeterminado*, o *Ilimitado*, o *Infinito* ou, ainda, o *Imperecível*. Assim, o *ápeiron* não se fixa em nenhum elemento palpável da Natureza. Ser abstrato é a sua característica. Está em constante movimento gerando uma série de pares opostos – água e fogo, frio e calor – que constituem o mundo. *"Tudo o que nasce, morrerá. Tudo o que é quente, esfriará. Tudo o que é grande, poderá ser quebrado em pedaços menores. Sendo a água e o fogo, opostos, o fogo pode ser combatido com a água, e como resultado, fogo e água deixarão de existir"*. Conclui Anaximandro que a essência de todas as coisas não pode, portanto, possuir propriedades determinadas que se acabam ao longo do tempo. Daí o ápeiron *ser indefinido e eterno*.

Sua cosmologia nos remete ao mito da criação do hinduísmo: *"um número infinito de mundos existiram antes do nosso, mas dissolveram-se na matéria primordial, o ápeiron, para darem origem a outros mundos. É o deus Shiva quem sustenta com sua dança os processos de criação e destruição"*. Anaximandro, entretanto, não acredita em nenhum deus e todos os ciclos de criação, evolução e destruição são devidos a fenômenos naturais, que ocorrem toda vez que a matéria se separa do *ápeiron* – o qual é, em si mesmo, *divino*.

A sua convivência com Tales o motiva para estudos de matemática e astronomia. Torna-se também um político. A literatura existente sobre ele fala das suas contribuições para uma teoria da evolução bem próxima das hipóteses de Darwin: uma conquista da terra, por seres vivos oriundos de lugares úmidos ou aquáticos. A espécie humana é o resultado final desse processo de adaptação. Também formula uma teoria de transmigração de almas próxima à do hinduísmo: *"a matéria cósmica cria a si mesma, se desintegra, depois torna a se recriar – num processo contínuo de vida e transformação sem fim"*. É viajante, meteorologista, e inventor do mapa geográfico. O gnômon, a haste vertical do relógio de sol, usado para determinar as horas e as estações, consta também como uma de suas invenções. Sem dúvida, um sábio lógico.

Anaxímenes

Para este terceiro grande sábio da escola de Mileto, o princípio que comanda o mundo é o *ar* – a *arché*. Nem tão abstrato como o *ápeiron*, nem tão palpável como a água. *"Tudo provém do ar, através de seus movimentos: o ar é a respiração e a respiração é vida. Ele produz toda espécie de matéria por meio de condensação e rarefação. Quando o ar se condensa, assume a forma de terra e rocha; quando se rarefaz, aparece como fogo".* A condensação é identificada com o frio e a rarefação com o calor.

Há algo original e uma lógica subjacente nessa concepção de Anaxímenes: pela primeira vez na tradição ocidental, através de modificações de uma única substância básica, é dado um tratamento físico a diferentes outras substâncias.

Anaxímenes, discípulo de Anaximandro, mais ou menos vinte e cinco anos mais jovem que seu mestre, morre por volta de 525 a.C.

O mais notável nesses milesianos é que eles conseguem fugir das tradições míticas, conciliando o livre pensamento por eles inaugurado a experiências sensíveis. É a partir desses pensadores de Mileto que a filosofia é introduzida no Ocidente. São os primeiros a se interessar por um conhecimento científico e por um entendimento racional sobre o mundo físico. Pode-se dizer que eles inauguram a transição da magia para a ciência. Enfim, são esses irrequietos milesianos que iniciam a busca pela resposta última a questões acerca da natureza e do universo.

Xenófanes

O império persa se expande e Mileto é destruída em 494 a.C. Os sábios-filósofos que em outras cidades da Jônia assimilam o pensamento milesiano começam, entretanto, a modificá-lo. Entre esses pensadores, coloca-se em evidência Xenófanes de Cólofon, cuja vida transcorre entre os anos 570-475 a.C. No sudeste da Itália – na cidade de Eleia – instala-se. Acredita-se ter sido o fundador da escola eleática de filosofia. Seus grandes questionamentos metafísicos são: *"todas as coisas no universo estão completas, permanentemente desenvolvidas (em estado do ser) ou, ao contrário, elas ainda estão em estado transitório, para serem aperfeiçoadas (em estado do vir-a-ser)"*. A primeira alternativa Xenófanes associa ao *repouso* e a segunda ao *movimento*. Observa-se logo que ambas estão intimamente ligadas.

É um grande crítico da religião que cultua deuses com formas humanas, como o fizeram Hesíodo e Homero. Defende uma divindade única, infalível, espiritual e de poder absoluto. Esse Deus imutável e inacessível parece confundir-se com a unidade esférica do mundo: *"Deus é a soma total de realidades"*.

Embora tenha cultuado o monoteísmo, ele é, em realidade, um panteísta, pelo fato de identificar essa Majestade Imóvel, esse Ser Universal em todas as coisas existentes.

Assim, o cosmos é em si a unidade e a eternidade da *archê* milesiana, sem conservar o seu movimento. Nasce uma religião cósmica e anti-mitológica.

Xenófanes deixa a Jônia aos 25 anos e se exila na Sicília, ou por motivos ligados à invasão persa, ou por discordar da corrupção que se instala entre os jônios.

É mais um fugitivo das tradições míticas, substituindo-as por teorias mais próximas do pensamento racional.

Pitágoras

Nasce em Samos, ilha da costa jônica, no entorno de 570 a.C. Como Xenófanes, exila-se por volta do ano 531, por motivos éticos, religiosos e políticos. Instalado em Crótona, sul da Itália, exerce uma influência muito grande por conta da comunidade religiosa que funda, posteriormente conhecida como Escola Pitagórica. Ser nela incluído implica auto-disciplina, silêncio e observância de vários tabus. Seus integrantes dedicam-se especialmente ao estudo da aritmética, geometria, astronomia e música. Os pitagóricos utilizam a contemplação para alcançar a imortalidade da alma e da salvação. Acreditam na teoria da reencarnação ou *metempsicose*: quando se morre, a alma passa a habitar um outro corpo.

Atribui-se a Pitágoras a descoberta das proporções numéricas da escala musical; em cordas esticadas, descobre as regras que relacionam a altura da nota emitida com o comprimento da corda; os sons harmônicos, por exemplo, se encontram na proporção $\frac{1}{2}, \frac{2}{3}, \frac{3}{4}$, etc., o que leva Pitágoras à interpretação numérica da natureza e à concepção de que todo o cosmos é explicado em termos de *harmonia*. Esse é o grande corte com a escola milesiana, para a qual a *physis* era fundamentada na concepção de uma matéria prima. É na harmonia dos sons que os pitagóricos confirmam a *archê* de sua filosofia: *"tudo é número"*. O círculo e a esfera, os polígonos e poliedros regulares estão, por sua vez, na harmonia da visão e do tato. *"Figuras planas e sólidos perfeitos foram utilizados pelo Supremo Arquiteto na construção do mundo".*

A geometria pitagórica está em perfeita consonância com *"tudo é número"*: *"o ponto é a unidade em posição; a linha reta é uma sucessão de átomos, assim como um colar é feito de contas, homogêneas em substância e do mesmo tamanho"*. Assim, dados dois segmentos quaisquer, AB e CD, a razão entre os seus comprimentos é a razão entre o número de átomos de AB e o número de átomos de CD. É provável que Pitágoras tenha herdado dos egípcios a ideia do *triângulo de ouro*: um triângulo retângulo cujos lados estão na razão 3:4:5. Depois muitos outros triângulos, hoje chamados pitagóricos, são descobertos tais como 5:12:13, 8:15:17 etc. Pitágoras intui que todos os triângulos retângulos guardam razões por ele consideradas perfeitas. Tal fato o leva à conclusão de que *"em qualquer triângulo retângulo, a soma das áreas dos quadrados construídos sobre os catetos é igual à área do quadrado construído sobre a hipotenusa"*. Tal resultado, segundo alguns, já utilizado pelos babilônios do II milênio a.C. é conhecido até hoje como o *teorema de Pitágoras*. Não se sabe como ele o demonstrou.

Sabe-se, entretanto, que este teorema coloca em evidência a união entre geometria e aritmética, confirmando o refrão pitagórico: *"O número regula o Univer-*

so", ou, *"tudo é número"*. É o grande lógico-místico da Era dos Sábios.

A escola pitagórica não tem longevidade proporcional à sua influência. Seu descontinuísmo acontece nos meados do século V a.C. com a descoberta de que a *diagonal e o lado de um quadrado não têm medida comum, por menor que seja a unidade considerada para medi-los.* Como provar tal resultado? Uma demonstração devida a Euclides, no século III, é uma prova desse fato. Ele se utiliza de procedimentos lógicos irrefutáves usados por Aristóteles no século IV a.C. Através do método conhecido como *reductio ad absurdum*, Euclides demonstra que a diagonal do quadrado não pode ser expressa por um número racional.

Para ilustrar a demonstração euclidiana considere-se um quadrado de lado 1 e diagonal x – hipotenusa, portanto, de uma triângulo retângulo isósceles.

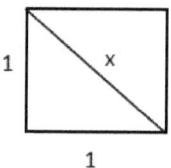

Assim, $x^2 = 1^2 + 1^2$ ou $x^2 = 2$

Pela convicção pitagórica de que a diagonal e o lado de um quadrado são grandezas *comensuráveis*, deve existir uma razão $\frac{p}{q}$ tal que $x = \frac{p}{q}$ e, portanto,

$$x^2 = \frac{p^2}{q^2} = 2$$

em que p e q são números inteiros.

A *redução ao absurdo* consiste no processo de raciocínio que leva a uma contradição quando se supõe falso aquilo que se quer provar.

Assim, considere-se

$$(1) \quad x^2 = 2$$

com $x = \dfrac{p}{q}$ e que a fração $\dfrac{p}{q}$ é irredutível.

Nestas condições, um dos dois inteiros p ou q deve ser ímpar, pois se ambos fossem pares a fração seria redutível. Mas, p não pode ser ímpar. De fato, substituindo em (1) x por $\dfrac{p}{q}$ tem-se:

$$(2) \quad \frac{p^2}{q^2} = 2 \quad \text{ou} \quad p^2 = 2q^2$$

o que mostra que p^2 é par e, portanto, p é par.

Sendo p um número par, ele é múltiplo de 2, logo pode ser posto sob a forma

$$(3) \quad p = 2r$$

em que r é um inteiro qualquer. Substituindo esse valor de p em (2) obtém-se

$$\frac{4r^2}{q^2} = 2 \quad \text{ou} \quad 4r^2 = 2q^2 \quad \text{ou} \quad q^2 = 2r^2$$

Assim, q^2 é par e, portanto, q é par. Chega-se, pois à conclusão de que p e q são pares, o que contradiz a suposição de que $\dfrac{p}{q}$ é uma fração irredutível.

Logo, a equação $x^2 = 2$ não pode ser satisfeita por um número racional.

Posteriormente, os matemáticos deram uma notação para o *não-racional x:*

$$x = \sqrt{2}$$

cujo valor aproximado é 1,4142, denominando-o *número irracional.*

O nome dado pelos pitagóricos aos *não-racionais* foi *alogon* que significa *os inexprimíveis.*

Um fato curioso é que os membros da ordem juram não divulgá-los a estranhos, pois a descoberta de uma imperfeição na obra do Arquiteto poderia deflagrar Sua indignação sobre os homens. Informa Proclus: *"diz-se que os primeiros que tiraram os inexprimíveis do segredo e os levaram a público pereceram no naufrágio. Pois o inexprimível e o sem forma devem ser escondidos. E os que descobriram (...) permanecerão para sempre expostos às ondas eternas".*

Muitos acreditam que a queda da escola pitagórica deve-se a esse fato.

Também a *dualidade* das coisas é outra característica dessa irmandade: a cada objeto corresponde um oposto, a toda tese, uma antítese. Mas essas forças opostas se reconciliam e, mais que isso, se *harmonizam* através dos números. A soma dos quatro primeiros números inteiros (1+2+3+4), a *tetractys* – de caráter sagrado – também induz à formulação de dez pares de ideias opostas: limitado e ilimitado, par e ímpar, um e muitos, esquerdo e direito, macho e fêmea, repouso e movimento, reto e curvo, claro e escuro, deus e diabo, igual e desigual. A unidade suprema é o próprio Deus, que instaura uma universal afinidade entre as coisas. A despeito de números e harmônicos há, sem dúvida, algo comum entre as cosmogonias pitagórica e milesiana.

É provável que a escola pitagórica, conservadora, puritana e autoritária tenha criado muitas insatisfações e, até mesmo, revoluções entre os habitantes de Crótona, o que provavelmente provoca o seu deslocamento da Itália para a Grécia continental. Pitágoras, banido de Crótona, morre no sul da Itália, em Metaponto, cerca de 490 a.C.

São grandes as contribuições pitagóricas não só à teoria dos números como também à geometria. O símbolo da escola era o pentágono estrelado, por ter propriedades singulares: as suas diagonais dão origem a um novo pentágono interior e assim sucessivamente. Além disso, o ponto de interseção de duas diagonais as divide na *média e extrema razão* dos gregos, por nós hoje conhecida como *seção áurea*.

Heráclito

Surge agora um pré-socrático especial: Heráclito de Éfeso, ou o *Fazedor de Enigmas*. Nasce por volta do ano 540 a.C., também na Jônia, sob o domínio dos persas. Os muitos fragmentos que restam do seu livro são de difícil interpretação, daí ser também conhecido como o *Obscuro*. Reelaborações das suas ideias informam que sua filosofia consiste de um *logos* (lei ou princípio) que governa todas as coisas. Associado ao fogo, que tem prioridade sobre o ar, a terra e a água, este *logos* unifica os opostos. Apesar de considerar *os enigmas* como o crepúsculo da era dos sábios, são eles que dão maior clareza aos seus fragmentos.

Mas, o que significa um *enigma*? Segundo Aristóteles, *"é a formulação de uma impossibilidade racional que, todavia, exprime um objeto real"*. Tal definição está bem ilustrada num fragmento de Aristóteles referente a Homero – citado e comentado por G. Colli, em *O Nascimento da Filosofia*:

> *"Homero interrogou o oráculo para saber quem eram os seus pais e qual a sua pátria, e o deus assim respondeu: 'A ilha de Io é a pátria de tua mãe e ela te acolherá morto; mas tu, previne-te contra enigma de jovens homens'.*
>
> *Não muito depois chegou a Io. Lá, sentado no penedo, viu alguns pescadores que se aproximavam da praia e perguntou-lhes se tinham alguma coisa. Eles, visto que não haviam pescado nada, mas catavam piolhos pela falta da pesca, disseram: o que pegamos deixamos, o que não pegamos trazemos, aludindo com um enigma ao fato de que mataram os piolhos que haviam catado e deixaram-nos cair, e os que não haviam catado, traziam-nos nas roupas. Homero não sendo capaz de resolver o enigma, morreu de desgosto".*

No comentário feito por Colli, a formulação do enigma proposto a Homero contém dois pares de expressões contraditórias, nas quais estão embutidos perigo e armadilha: *pegamos – não pegamos* e *deixamos – trazemos*; elas estão associadas de modo inverso à formulação: *"o que pegamos trazemos, o que não pegamos deixamos".*

Diz Heráclito num dos seus mais obscuros fragmentos:

> *"No que diz respeito ao conhecimento das coisas manifestas, os homens são enganados de forma semelhante a Homero, que foi o mais sábio de todos os gregos. Enganaram-no de fato os jovens que haviam esmagado os piolhos quando lhe disseram: aquilo que vimos e que pegamos deixamos; aquilo que não vimos nem pegamos trazemos".*

O fragmento de Heráclito faz nexo entre *sabedoria* e *enigma*: embora não fazendo alusão à morte de Homero, torna claro que o sábio derrotado num desafio à inteligência, deixa de ser sábio.

Suposições conduzem à crença de que Heráclito faz associações entre as expressões, *"no que diz respeito ao conhecimento das coisas manifestas"* e *"aquilo que vimos e pegamos"*.

A exemplo de Homero, os homens são enganados no conhecimento das coisas manifestas por acreditarem que elas são reais, quando não o são. Para Heráclito, a primeira parte da formulação do enigma é: *"as coisas manifestas que pegamos deixamos"*.

O que pode isso significar? É que ele nega qualquer realidade externa aos objetos do mundo sensível: é justamente deles que se trata ao falar de *"coisas manifestas"*.

A segunda parte, *"as coisas ocultas que não vimos nem pegamos trazemos"*, diz respeito ao fundamento último do mundo como algo escondido. Esse é o seu conceito de divindade: o Deus Supremo é algo oculto, inacessível, mas o trazemos dentro de nós. O mesmo vale para a alma e para a sabedoria. Não crê que o *devir* (o vir-a-ser) seja mais real que o *ser*. Acredita, sim, que toda expressão sensorial é ilusória, num mundo de objetos permanentes. Daí a célebre frase: *"no mesmo rio não se pode entrar duas vezes: a cada vez, será um novo rio, e um novo homem".*

Em suma, a maioria dos fragmentos de Heráclito mostra que o mundo que nos rodeia, *é um tecido ilusório de contrários* onde, cada par é um enigma, cuja resolução é a *unidade: "O divergente consigo mesmo concorda".*

Tais elucubrações são indicadoras de uma já existente lógica-dialética? Supondo uma resposta positiva, um questionamento surge naturalmente: onde está o seu auge? Aristóteles afirma ter ela atingido o apogeu com Zenão. Mas, fazendo comparações entre ele e Parmênides, seu mestre, sente-se nos fragmentos por este deixados, a excelência da argumentação, além do domínio dialético de conceitos mais abstratos.

Parmênides

Nascido em Eleia, talvez entre 515 e 510 a.C., Parmênides discorda de tudo que seja variável e contraditório. Diverge terminantemente de Heráclito. Se algo existe, ele é esse algo e não pode ser outro, muito menos o seu contrário. Assim, *"o que é é o que é"*. *"O ser é o ser"* ou *"o ser é"*. Consequentemente, o *"não-ser não é"*, ou seja, o *"não-ser é nada"*, não pode existir. Ao afirmar *"o que é é o que é"*, Parmênides introduz no raciocínio lógico um principio fundamental – o da *identidade*: *cada coisa é idêntica a si mesma*. Ou seja, *A é A*. A sua negação, *A é não A* é o *princípio da contradição*, que indica que *uma coisa é e não é*. Uma expressão equivalente a esta última , *"algo não pode ser e ser"* é também conhecida *como principio da não-contradição*. Ainda, no princípio da identidade de Parmênides está subjacente o fato de que não existe uma terceira possibilidade: *uma coisa é ou não é*. Esta última afirmação é conhecida como *o princípio do terceiro excluído*. Mais adiante, confirma-se que estes três princípios são a pedra fundamental da brilhante lógica que Aristóteles irá construir.

Assim, enquanto Heráclito interpreta o mundo como algo em permanente transformação, Parmênides o vê como ser único, imóvel, imutável e eterno.

Mas, como justificar as visíveis mudanças e contradições que o mundo apresenta? *"São ilusões, aparências enganadoras, falta de conhecimento do verdadeiro ser"*. É a concepção de Parmênides.

Xenófanes, o *eleata teólogo*, já havia abordado o problema do *ser*. Parmênides, entretanto, vai além, utilizando-se do pensamento racional, construindo suas teses sobre fundamentos lógicos. Por não se contentar com a aparência das coisas e sim com sua essência, procurando nelas a sua lógica, é considerado o *eleata metafísico*. Para ele, o conhecimento não pode ser alcançado através do mundo sensível que dá origem a *incertezas*, e sim através da *razão* à qual se chega pelas vias da *lógica* e da *dedução*. Mais ainda, dizer que *"uma coisa é"* implica, para Parmênides, que ela ocupa um espaço, e espaço vazio não pode existir; por isso, também o *"não ser"* não pode existir. Note-se que há um duplo significado do *ser* utilizado nos seus fragmentos: há o Ser, realidade última e o *ser,* para tudo que ocupa espaço. Isso justifica a negação à realidade de mudança ou movimento de Heráclito, porque movimento implica espaço vazio, que é *nada,* uma irrealidade. Logo, *o ser é imóvel.* Como consequência, o conhecimento empírico, aquele que se baseia somente na experiência ou na observação sem levar em consideração métodos científicos, não existe.

Zenão

O pensamento de Parmênides é absorvido por seu mais famoso discípulo, Zenão, *o eleata dialético,* cuja vida transcorre provavelmente entre 490-430 a.C. É famoso por seus *paradoxos.* Diz-se que um conjunto de premissas, aparentemente inquestionáveis, é um paradoxo se dá origem a conclusões inaceitáveis ou contraditórias. A resolução de um paradoxo implica demonstrar que ele contém um raciocínio incorreto. Nas chamadas *ciências duras* eles têm importância fundamental, pois, muitas vezes, a busca das causas de contradição gera ou aperfeiçoa novas teorias. Segundo Bertrand Russel, os paradoxos de Zenão constroem a base de quase todas as teorias de espaço, tempo e infinidade. Também, no século XX, os paradoxos de Russell e de outros lógico-matemáticos levam a uma completa reformulação da Teoria dos Conjuntos de Cantor, que constitui a base da matemática moderna.

Aristóteles chama os paradoxos de Zenão de *argumentos,* e são por ele registrados em sua *Physica.*

O mais conhecido é:

O paradoxo da dicotomia (ou infinita divisibilidade de um segmento).

Refere-se à não existência de movimento, baseado em que "o que se move deve sempre alcançar o ponto médio antes do ponto final".

Para ilustrá-lo, suponha-se um atleta, deslocando-se sobre uma reta, partindo do ponto A e tendo como meta o ponto B. Para fazer isso, precisa primeiro atingir o ponto médio C do segmento AB. A partir de C ele precisa atingir o ponto médio do segmento CB e assim sucessivamente *ad infinitum*.

Consequentemente, o atleta nunca atingirá sua meta. É evidente que tal conclusão é inaceitável. E onde está escondida a contradição? Ora, a sequência numérica subentendida nesse argumento de Zenão é a progressão geométrica

$$\frac{1}{2}, \frac{1}{4}, \frac{1}{8}, \frac{1}{16}, \cdots$$

que gera a série

$$\frac{1}{2} + \frac{1}{4} + \frac{1}{8} + \frac{1}{16} + \cdots$$

É conhecido que a soma S de um número infinito de termos de uma progressão geométrica, cujo primeiro termo é *a*, e cuja razão é *q* é

43

$$s = \frac{a}{1 - q}$$

Logo,

$$\frac{1}{2} + \frac{1}{4} + \frac{1}{8} + \frac{1}{16} + \cdots = \frac{\frac{1}{2}}{1 - \frac{1}{2}} = 1$$

Assim raciocinam os gregos da época: como é possível uma soma de um número infinito de parcelas ser igual a 1? Eles desconheciam os conceitos de limite e de convergência.

Tais conhecimentos, posteriores a Zenão, resolvem esse seu primeiro paradoxo.

Aristóteles cita ainda mais três: *Aquiles e a Tartaruga*, *Flecha* e *Estádio*. Os paradoxos de Zenão forçam os gregos a uma revisão dos conceitos de tempo, de espaço e de infinito. Diz Aristóteles:

"Tempo e espaço são divididos nas mesmas e iguais divisões. Portanto, o argumento de Zenão, de que é impossível percorrer uma coleção infinita ou esgotar uma coleção infinita um a um, num tempo finito é falacioso. Pois existem dois sentidos em que o termo infinito é aplicado, tanto ao espaço como ao tempo, e na verdade a todas as coisas contínuas: em relação à divisibilidade e em relação ao número. Não há dicotomia de espaço sem simultaneamente admitir-se dicotomia de tempo".

Enquanto a divisibilidade de uma reta é de fácil concepção, a marcação do tempo já não o é. *"O tempo ou está todo no passado ou todo no futuro".* O que fazem os relógios? Identificam *duração* com *extensão.* Também a chamada *linha do tempo,* cuja representação utiliza uma reta geométrica, faz a mesma identificação.

Os Paradoxos de Zenão são vitais para o desenvolvimento científico ulterior, mas eles exercem um efeito paralisante na mente dos gregos da época. Tanto o infinitamente grande como o infinitamente pequeno eram tabus, gerando o chamado *horror infiniti.* Os estudiosos referem-se ainda a outros dois *horrores* gregos, provavelmente frutos desses paradoxos: o *horror ao movimento* e o *horror ao vazio.* Talvez este último tenha impossibilitado os gregos de criarem o zero e, também de incrementarem teorias sobre o vácuo.

Pode-se dar razão a Aristóteles quando afirma que foi Zenão o inventor da dialética? De fato, sua doutrina é uma técnica de demonstração de opiniões, passando pelo exame rigoroso de posições adversas. É o começo do auge de um pensamento lógico, anunciando abertura do espírito e confrontos de ideias, que marcam o nascimento da filosofia.

Através do raciocínio lógico de Parmênides e de Zenão é possível admitir a *inexistência* da pluralidade das coisas e do movimento. Mas, pela experiência do cotidiano torna-se impossível descartá-la como *ilusão* dos sentidos. A busca da conciliação da ideia de um ser único e imóvel com a de pluralidade e de movimento sem descartar a precisão de uma lógica duramente conquistada, nem violentar a sensação dos sentidos é o objetivo de Empédocles e Anaxágoras, de um lado, e do outro, do atomismo de Leucipo e de Demócrito.

Entretanto, nosso objetivo é *a Lógica e suas origens* e

não o de exaurir um estudo cronológico dos principais sábios-filósofos pré-socráticos.

Por isso, embora reconhecendo o valor destes últimos e o íntimo relacionamento de suas teorias com as dos seus predecessores, a eles não são dedicados detalhamentos.

A busca continua a ser o *auge da dialética*, que se consolida na *era dos filósofos* Sócrates, Platão e Aristóteles, nas pegadas deixadas pelos chamados *sofistas* – palavra que, em grego significa *sábios*.

Sofistas

Por serem estrangeiros, são considerados não-cidadãos gregos. Essa exclusão faz com que não se interessem por argumentações relacionadas à justiça e à moralidade, temas pertinentes só a cidadãos. Sem residência fixa, viajam de cidade em cidade popularizando o aprendizado científico. São os primeiros *professores profissionais* de filosofia, ou seja, os primeiros a exigir de seus alunos pagamento pela instrução recebida. Sócrates, o mais famoso crítico adversário dos sofistas, os condena por essa prática remunerada. Eles se defendem afirmando que sua missão é conduzir o homem comum a um padrão mais alto de cultura e de habilidades para capacitá-lo a viver uma vida melhor. Por aproximadamente um século eles muito contribuem para o avanço da aprendizagem, através de suas discussões sobre gramática, poesia, tragédia, linguística e reformas sociais. São também mestres da retórica, arte da fala e da discussão, opondo frequentemente a razão à própria razão.

Protágoras, nascido em Abdera por volta de 490-420 a.C. ensina a virtude *(aretê)* em Atenas e fica famoso pela afirmação de que *"o homem é a medida de todas as coisas"*. Considerado o fundador da ciência da gramática, é possível que tenha estabelecido em Atenas o *método dialético*, depois tornado famoso através dos *Diálogos Socráticos* de Platão.

Górgias, de Leontino, é sobretudo um professor de retórica e desenvolve novos elementos artísticos na prosa. Protágoras e Górgias baseiam sua filosofia na doutrina da relativização da verdade, que conhecimento e verdade são ambos dependentes de julgamento pelo indivíduo. *"No mundo não há um único princípio que a tudo comande, mas apenas convenções que os homens estabelecem para depois abandonar"*.

Os valores e as verdades são instáveis e relativos. A linguagem, essa capacidade essencialmente humana, também não passa de convenção, sem poderes para expressar *a verdade, a não ser as verdades relativas de cada um*. Essa é uma síntese que pode pertencer a qualquer um deles, pois é difícil separar suas teorias e doutrinas. Proclamam não só a relativização da verdade, como também a da moral: *"o que é certo e o que é errado são matérias de opinião pessoal"*. Uma grande consequência derivou desse princípio: a doutrina de direitos iguais para todos os homens, incluindo mulheres e escravos.

Por denunciar práticas arraigadas, ao duvidar da existência de uma única verdade, ao interferir nos modos de organização social e política, eles acabam por atrair também a ira dos cidadãos comuns. *Eles colocam, a seu modo, no trono da religião a deusa Razão.* Provavelmente, por tudo isso, muitos atribuem à palavra *sofis-*

ma o mesmo significado de *falácia*, ou seja, o de falsa argumentação. Na Enciclopédia Delta Larousse, *sofisma* tem o seguinte significado: *"um argumento que, partindo de premissas verdadeiras, ou consideradas tais, chega a uma conclusão inadmissível, que não pode enganar a ninguém, mas que parece conforme às regras formais do raciocínio, e que não se sabe como refutar".* Um exemplo jocoso dessa acepção de sofisma é comum nos corredores colegiais:

"Prove que 2 = 3", solicita um aluno a um colega:

Demonstração: 2-2 = 3-3   – premissa verdadeira pela definição de igualdade;

$$2(\cancel{1-1}) = 3(\cancel{1-1})$$ – raciocínio *'conforme'* às leis de distributividade e de simplificação;

Portanto, 2 = 3.

Onde está a falácia? A passagem da expressão

$$2(1-1) = 3(1-1) \quad \text{para} \quad 2 = 3$$

implica a intederminação do tipo $\frac{0}{0}$, portanto, uma operação impossível.

Se o *ouvinte* desconhece este último fato, não saberá como refutar!

Apesar desse conceito pejorativo, até hoje existente,

a *sophia* começa a se aprofundar, mesmo nas matérias práticas, numa teoria argumentativa mais analítica e com vistas mais voltadas para o ser humano.

Vale a pena reforçar que, a vitória de Atenas sobre os persas em 479 a.c. marca a consolidação da democracia na cidade e com ela os valores da educação, da formação de cidadãos aptos para a vida pública e de bons oradores capazes de uma excelente dialética que, nessa época, começa a atingir o seu auge.

1.3 Na Era dos Filósofos

Pavimentada a estrada real para o auge da dialética, a filosofia se consolida: distancia-se das investigações pré-socráticas sobre a natureza e o universo para colocar o ser humano como centro de suas preocupações. Nesse cenário surge *"um homem que tudo perguntava, mas nada concluía"*: Sócrates. Sábios ou filósofos que o antecederam foram, todos, chamados *pré-socráticos*. Para alguns, é com ele que a filosofia chega à maturidade, mas para outros e muitos, é com o seu grande discípulo Platão.

Sócrates

Ateniense, sua vida transcorre provavelmente entre 470-399 a.C. Alcança o apogeu cultural da sua cidade natal com grandes escultores, artistas, dramaturgos e historiadores como Ésquilo, Heródoto, Tucídides, Hipócrates de Cós e outros, além do grande político democrata, Péricles. Atenas vence os persas e domina quase toda Grécia. Tal situação sócio-cutural-política desperta a rivalidade de Esparta, causa maior da guerra do Peloponeso, no ano de 431 a.C. Atenas é derrotada em 404, juntamente com o seu regime democrático. Enfraquecido por corrupção, dá lugar ao governo dos Trinta Tiranos, que devem fazer voltar à ordem, mas pilham a cidade em proveito próprio. Em 403 há tentativas para a volta à democracia, mas são irreversíveis os valores políticos e morais tão caros a Sócrates, a quem interessa o homem e suas virtudes, virtude como moral e como conhecimento. Suas denúncias sobre a corrupção levam os poderosos a condená-lo sob o pretexto de ofender os deuses e corromper a juventude. Seu caráter o impede de fugir ou pedir clemência. Toma um cálice de cicuta, despedindo-se de alunos e amigos.

Tem uma vida inteiramente dedicada à busca da sabedoria, como deve ser a de um filósofo. Até hoje, permanece como figura mítica de todo professor, embora não tenha se preocupado com uma escola formal. Mas, se esse homem nada escreve e simplesmente pergunta sem dar respostas, como conhecer o que pensa? É através de Platão, seu discípulo maior durante vinte anos, para quem a validade do conhecimento teórico só é possível através de demonstrações, nas quais tem papel fundamental o *método dialético*. Nos seus *Diálogos*, Platão se utiliza de um modelo de cadeia de argumentos que torna difíceis as refutações.

Anexo a este livro, encontra-se um *excerto* do diálogo, intitulado *Mênon*, cujo objetivo é a investigação do significado de *virtude*. Tal busca, entretanto, é logo posta de lado por conta da afirmação de Sócrates, personagem do dialógo: *"não aprendemos nada, e aquilo que chamamos investigar e aprender não é mais do que recordar"*. Portanto, diz Sócrates, dirigindo-se a Mênon: *"não é para admirar que possuas, quer acerca da virtude, quer de tudo o mais, reminiscências dos seus conhecimentos anteriores"*. Mênon pede a Sócrates que demonstre tal fato. Dialogando com um escravo, nascido na casa de Mênon, e utilizando informações geométricas primárias, Sócrates leva o escravo analfabeto a construir um quadrado com área igual ao dobro da de um outro, previamente dado, ou seja, à descoberta de números, que viriam a ser chamados *irracionais*.

A teoria de que qualquer conhecimento é *inato* ou

não-adquirido, precisando apenas ser *relembrado* é conhecida como teoria da *reminiscên*cia ou *anamnese* e é atribuída a Platão.

O que se vê nesses *diálogos socráticos* é um mestre formulando perguntas adequadas, ou seja, um método de investigação que encaminha o pensamento a aquilo que se quer demonstrar. Sócrates nunca vai diretamente à questão. Ouve, questiona, conduz à experiência de outras possibilidades, antes de entrar no caminho certo. Essa função de *experimentação* é cumprida pelo *diálogo*, do qual nasce o conhecimento. Este não é transmissível do mestre para o aluno, mas *arrancado* do interior da discussão; "*a imagem é a de que as ideias já existem na mente grávida do interlocutor, mas precisam de um parto para se tornarem manifestas*". Tal método de *partejar* é chamado *maiêutica* ou *método socrático*.

O pensamento socrático encontra-se nos *Primeiros Diálogos de Platão*, sendo poucas as outras fontes. Aristóteles é mais uma delas. Em realidade, não se consegue distinguir facilmente o Sócrates histórico da personagem platônica.

Platão

As investigações pioneiras da *era dos sábios* sobre cosmologia, religião, mitologia e seus primeiros ensaios argumentativos em busca da racionalidade, as exigências lógicas de Parmênides e Zenão, as discordâncias a respeito do movimento e da racionalidade das coisas, as concepções matemáticas e musicais dos pitagóricos, até à valorização do ser humano pelos sofistas e por Sócrates, são temas que forjam o pensamento ocidental, sintetizados por Platão, nascido aproximadamente entre os anos 428 e 374 a.c. Esse ateniense que presencia uma civilização de obras-primas, mas também a derrota de Atenas, a condenação e a morte do seu mestre Sócrates, a corrupção que desmorona as cidades, medita sobre esses fracassos e sobre eles fundamenta a sua obra. Questiona a democracia, a filosofia, a ética, a moral, a política, a justiça social, a educação competitiva de sua época e debruça-se sobre os conceitos de razão, de beleza, de amor, de virtude e de morte. Todos esses temas percorrem vinte e quatro séculos e, por esse motivo, tiveram e têm tanta influência hoje. Segundo Châtelet, *"somos todos discípulos de Platão"*. Por ser filho de um aristocrata, dizia: *"rendo graças aos deuses por ser rico e não pobre, nobre e não plebeu, por ter nascido homem e não mulher, mas sobretudo por ter sido contemporâneo de Sócrates."* Com este teve uma convivência de aproximadamente vinte anos.

Mas a decepção o faz abandonar o ideal de participação política, compra um sítio nas proximidades de Atenas e ali constrói, por volta de 387, uma escola – *a Academia* (nome ligado ao herói lendário Academos), onde desenvolve seus estudos. Lá são discutidos livremente temas como matemática, música, astronomia, lógica e filosofia. Na entrada, uma frase que lembra Pitágoras: *"Não entre quem não sabe geometria"*. Afasta-se assim da vida prática e do cotidiano rotineiro dos homens e busca a verdade para fazer dela matéria de contemplação (*teoria*). Essa possibilidade de um conhecimento teórico cuja validade seja reconhecida através de suas demonstrações é dada pelo chamado *método dialético platônico*. Diferente da dialética dos sofistas, que representa a *técnica da discussão,* seu modelo se encontra na primeira parte de sua obra, os *Diálogos de Sócrates*.

Caracterizado pela busca de um consenso, através de afirmações e negações, o encadeamento de raciocínios impossibilita refutações, ao separar o aparente do essencial.

A filosofia de Platão é encontrada em seus diálogos, milagrosamente todos preservados e divididos em três partes. Aqui, faz-se questão de exibi-los para que o leitor possa ter uma ideia da extensão dessa obra tão importante. Os do primeiro período são: Híppias Menor, Laquês, Cármides, Íon, Protágoras, Eutifron, Apologia, Críton, Górgias, Mênon, Crátilo, o duvidoso Híppias Maior, Lísis, Menéxeno e Eudemo. Neles, Sócrates é a personagem que interroga sem cessar, abalando as falsas pretensões ao conhecimento dos seus contemporâneos. A maiêutica, entretanto, produzia mais resultados negativos que positivos. Usando a ironia, Sócrates leva seus interlocutores a saber que nada sabem. E isso ele dizia de si próprio: *"Só sei que nada sei"*. Platão, ao contrário, quer ir além e produzir um saber positivo. Quando, por exemplo, era perguntado ao personagem Sócrates: *que é virtude?* sua resposta rejeita exemplos de virtude e se concentra na busca da essência de virtude, isto é, *o que é a virtude*.

Os diálogos do segundo período, Fédon, Filebo, Banquete, República e Teeteto tratam dos pressupostos filosóficos das doutrinas geralmente classificadas como platônicas. Dentre elas, a *teoria das formas* é a mais central e também a mais contestada das doutrinas de Platão. A *forma* é o aspecto exterior dos corpos materiais ou o modo sob o qual uma coisa existe ou se manifesta. Cada um se apega às aparências e as transforma em sua *certeza* ou sua *verdade*. As aparências constituem assim o mundo dos sentidos, o mundo sensível, onde todas as coisas são mutáveis, conforme as circunstâncias e as opiniões. Portanto, o pensamento não tem em que se apoiar, nada podendo assim ser afirmado com certeza. Em oposição, Platão aponta para um mundo inteligível apesar de abstrato, *o mundo das essências* e, portanto, independente do *mundo* sensível.

Assim, a opinião (*doxa*) jamais pode proporcionar o verdadeiro conhecimento das *essências*, só apreendido através da ciência (*episteme*). Platão denomina essas essências de *eidos*, que significa *ideias*. A pluralidade das coisas e suas transformações pertencem ao mundo dos sentidos, enquanto cada ideia é única e imutável. O mundo inteligível ou supra-sensível existe e é anterior ao mundo sensível. É ele o verdadeiro mundo *real*, ou, como se costuma dizer em filosofia *ontologicamente real*.

A apreensão das formas constitui o conhecimento (*nôesis*) que nada mais é que a recordação do contato que tivemos com as *formas* antes de nossas almas imortais ficarem prisioneiras nos corpos (*anamnesis*).

A teoria das formas é bem ilustrada pelo próprio Platão na *Alegoria da Caverna*, que abre o livro VII de *A República*, onde ele mostra também os níveis em que nossas naturezas podem ser iluminadas ou não. Segundo esta alegoria, também chamada impropriamente de *Mito da Caverna*, no primeiro nível estão prisioneiros acorrentados de tal maneira que só conseguem perceber sombras na parede da caverna. São sombras escuras de objetos artificiais, projetadas pela luz que vem de uma fogueira, a única realidade para estes homens. Mas um deles consegue escapar. Fora da caverna, a intensa luz do sol ofusca-lhe a visão. Uma vez os olhos acostumados à claridade, ele vê, primeiro os objetos artificiais, depois o fogo, seguindo-se então o mundo real e, por fim, o Sol. Cada estágio dessa ascensão será difícil e estranho. Maravilhado, entretanto, com a beleza do mundo real, volta à caverna, a fim de comunicar aos companheiros o seu conhecimento. Mas eles não o compreendem. Riem e matam-no.

Platão diz que a ascensão descrita simboliza a viagem da alma até o *inteligível, as formas*, a identidade com aquilo que é verdadeiramente real. Uma interpretação dada a essa alegoria é a do filósofo que, chegando à verdadeira realidade, tem uma missão: a de voltar à caverna, ao mundo sensível dos homens, mesmo que ali seja incompreendido. A luz do Sol, além de iluminar toda a realidade lhe proporciona o conhecimento.

Conhecer, para Platão, é conhecer o Bem, *a Ideia Suprema*. E só os que aprendem a forma do Bem estão preparados para governar.

Parmênides e Teeteto são os últimos diálogos do segundo período ou os primeiros do terceiro. *Parmênides* contém severas críticas à teoria das formas e Teeteto trata sobre a teoria do conhecimento, até hoje, com muita aceitação.

Nas obras do terceiro período, Críticas, Parmênides, Fedro, Sofista, Político, Timeu e, em especial no último e maior diálogo, as Leis, Platão volta às suas teorias sobre a *república ideal*.

Timeu é um tratado científico sobre cosmologia, no qual Platão supõe a existência de um deus o *Demiurgo (artesão)* que, contemplando a beleza das ideias já existentes, não pôde deixar de reproduzi-las, criando todos os seres do mundo. Um mundo, semelhante ao de Parmênides, esférico, único, limitado e eterno.

Na obra de Platão, a dialética atinge o auge, e é apresentada em muitos diálogos como instrumento de libertação. Platão é, em geral, considerado como o inventor da discussão filosófica tal como a conhecemos e muitos filósofos defendem que a profundidade e o alcance do seu pensamento nunca foram ultrapassados.

Aristóteles

Como Platão, Aristóteles tem na história da filosofia uma importância decisiva. Para colocar em evidência a sua influência, basta citar que no fim da Idade Média, a versão cristã do seu pensamento fundamenta a doutrina oficial da Igreja. Embora a ciência renascentista não aceite o aristotelismo, pensadores como Kant, no século XVIII, Hegel, Marx e Darwin, no século XIX se inspiram em Aristóteles e até hoje são claras as suas marcas na ciência. Tendo nascido em Estagira, na Macedônia, em 384 a.C., é conhecido também como *O Estagirita*. Filho de Nicômaco, médico de Felipe, rei da Macedônia, é preceptor de seu filho Alexandre Magno entre 343 e 340 a.C. Aos dezessete anos entra para Academia de Platão com o qual estuda durante vinte anos. Com a ascensão de Alexandre ao trono, desliga-se da escola platônica no ano 347. Volta a Atenas em 335 e funda sua própria escola, o *Liceu* ou *Escola Peripatética*. Tais nomes têm a sua explicação: *Liceu*, pela sua proximidade do templo dedicado a Apolo Lício nos arredores de Atenas e *Peripatético* (do grego *passear*), por que Aristóteles costumava dar aulas e discutir assuntos filosóficos, andando vagarosamente por caminhos sombreados. Conduz o Liceu até 325 a.C., ano da morte de Alexandre, quando é levado ao tribunal de Atenas sob pretextos religiosos. Condenado, prefere não seguir o exemplo de Sócrates para que, segundo suas palavras, *"os atenienses não pequem mais uma vez contra a filosofia"*. Desterrado, morre no ano 322.

Sua obra é tão vasta quanto fragmentada. Seus primeiros trabalhos denotam uma forte influência platônica, mas após sua saída da Academia, busca seu próprio caminho. É um severo crítico da Teoria das Ideias do seu mestre: em vez de separar o mundo dos sentidos do mundo inteligível, Aristóteles procura integrá-los, justificando sua diversidade e seus movimentos. Para mostrar que tudo se transforma continuamente, elabora as noções de *ato* (*energia*) e *potência* (*dynamis*). *"O ato é o estado atual do ser"*. *"A potência é aquilo em que este se transforma"*. Por exemplo, *"a semente de uma árvore, enquanto ato, é semente, mas como potência é a árvore que dela vai germinar"*. Por outro lado, a potência pode se transformar em ato, como a madeira de uma árvore *(potência)* é transformada por um carpinteiro em uma mesa *(ato)*. Tal modo de pensar dispensa a existência de um fabricante do universo, tal qual o Demiurgo de Platão. Assim, através do movimento, as potencialidades do ser vão se transformando através das passagens *ato-potência-ato*.

As anotações dos seus discípulos e fragmentos resgatados formam um conjunto conhecido pelo nome latino, *Corpus Aristotelicum*, organizado pela primeira vez por Andrônico de Rodes, no século I a.C. Tal obra é uma verdadeira demonstração do universalista que foi Aristóteles. Contém tratados lógicos, físicos, cosmológicos, psicológicos, biológicos, metafísicos, ético-políticos e, também sobre estética e linguagem. Cria um *novo método dialético*, mais rigoroso que o de Platão, buscando extrair a essência e o verdadeiro da opinião dos seus interlocutores.

Não se pretende aqui, entrar em maiores detalhes nas principais obras de interesse filosófico de Aristóteles e sim, como ele sistematiza e dá continuidade ao conhecimento da lógica pré-existente.

A obra de Aristóteles sobre lógica é encontrada no texto intitulado *Organon* que significa *método* ou *instrumento de investigação*. Consiste de várias partes como: *Categorias* – que corresponde à classificação de substâncias, quantidades, qualidades, relações, lugar etc; *Sobre a interpretação* – acerca da estrutura de uma proposição lógica; *Primeiros Analíticos* – a doutrina do silogismo; *Segundo Analíticos* – a lógica da ciência e a aplicação do silogismo; *Tópicos* – a lógica do argumento baseada sobre verdades prováveis e *Testes Sofísticos* – que trata das falácias lógicas.

Uma visão geral do Organon faz-se necessária, uma vez que esta obra é o cerne de toda a lógica que se desenvolve posteriormente e que culmina com a Lógica Matemática ou Lógica Formal.

Categorias, primeira parte do *Organon*, trata da classificação das palavras. Estas são as primeiras a merecer uma análise, uma vez que formam proposições, através das quais é formulado o conhecimento. Aristóteles classifica as palavras de acordo com a proposição à qual elas integram. Há assim a categoria de *substância*, que corresponde gramaticalmente ao sujeito da oração. Quando se afirma, por exemplo, *Sócrates é mortal* a palavra *Sócrates* representa a *substância*, ou seja, *aquilo sobre o qual se afirma algo*. O que se afirma da substância corresponde ao *predicado*: é o caso da palavra *mortal* no exemplo dado.

Todas as categorias enumeradas por Aristóteles sempre se referem ao tipo de afirmação que se faz sobre a *substância*. Os exemplos ilustram: *Sócrates teve três filhos* – categoria de quantidade; *Sócrates foi filósofo* – categoria de qualidade; *Sócrates foi mestre de Platão* – categoria de relação; *Sócrates nasceu em Atenas* – categoria de lugar etc.

A segunda parte do Organon, *Sobre a Interpretação,* tem como objetivo as proposições. Aristóteles as classifica em *universais* como *todo ser humano é mortal* ou *nenhum ser humano é mortal.* O que elas afirmam ou negam valem para todas e quaisquer substâncias da mesma classe – no caso, os seres humanos. Outras proposições dizem respeito a apenas alguns sujeitos como, por exemplo, *alguns homens foram à Lua.* São as proposições *particulares.* Outras limitam-se a uma única substância, como *Aristóteles é o autor do Organon.* São as proposições *singulares.* Também, as proposições podem ser classificadas de acordo com o que indicam. Há assim, as proposições de *gênero* como, *o cão e o gato são animais.* Ou as de *espécie* como, *o homem é um animal.* O gênero e a espécie indicam a essência, ou seja, o que a substância é. Existem outras classificações bem mais minuciosas, que exibem a preocupação do estagirita com o detalhe. Ainda, para tornar possível o conhecimento é necessário que as proposições afirmem a verdade e obedeçam a determinadas leis. Por exemplo, *uma proposição não pode contradizer a si mesma,* ou seja: é impossível que o mesmo atributo pertença e não pertença ao mesmo tempo ao mesmo sujeito e sob a mesma relação. Assim, não é válido afirmar: *Sócrates foi e não foi mestre de Platão.* Este é o conhecido *prin-*

cípio da não-contradição (também chamado por alguns *princípio da contradição*). Além disso, *cada coisa é idêntica a si mesma – principio fundamental da identidade*, no qual está subjacente o fato de que *uma coisa é ou não é*, conhecido como *princípio do terceiro excluído*. Tais leis lembram as elucubrações de Parmênides.

Isso, entretanto, não basta para Aristóteles. As proposições precisam ainda ser encadeadas de acordo com outras regras lógicas, que ele chama *silogismos*. Tal teoria está contida nos *Primeiros Analíticos* e suas aplicações à lógica da ciência é matéria dos *Segundos Analíticos*.

Um *silogismo* é a inferência de uma proposição a partir de duas outras chamadas *premissas*. O exemplo clássico de silogismo é: "*Todo homem é mortal. Sócrates é homem;* logo, *Sócrates é mortal*". Assim, de duas proposições verdadeiras, as *premissas* (todo homem é mortal e Sócrates é homem) obtém-se uma terceira, também verdadeira (Sócrates é mortal), chamada *conclusão*. É conveniente observar que cada premissa tem um termo em comum com a conclusão e um termo em comum com a outra premissa. Chama-se *termo médio* a aquele que não ocorre na conclusão. A *premissa maior* é a que contém o predicado da conclusão (a expressão maior) e a *premissa menor* é a que contém o seu sujeito (a expressão menor). Desse modo, a primeira premissa do exemplo dado é a *maior*, a segunda, a *menor*; e *homem* é o termo médio.

Mas, o espírito perfeccionista de Aristóteles o faz classificar, ainda, os tipos de proposição constantes dos raciocínios que envolvem silogismos: tipo A – *universais afirmativas* (todos os homens são mortais); tipo I – *particulares afirmativas* (alguém foi à Lua); tipo E – *univer-*

sais negativas (nenhum homem foi a Plutão); tipo O –
particulares negativas (algumas mulheres não são professoras). Assim, os tipos A, E, I, O permitem a classificação do silogismo segundo a forma das premissas e das conclusões.

O chamado *quadrado de oposição* resume as relações lógicas que ocorrem entre as quatro formas de proposição dos tipos A, E, I, O: *todos os X são Y; nenhum X é Y; alguns X são Y; alguns X não são Y,* respectivamente. Todas as proposições aqui consideradas só envolvem sujeito e predicado.

Quadrado de Oposição

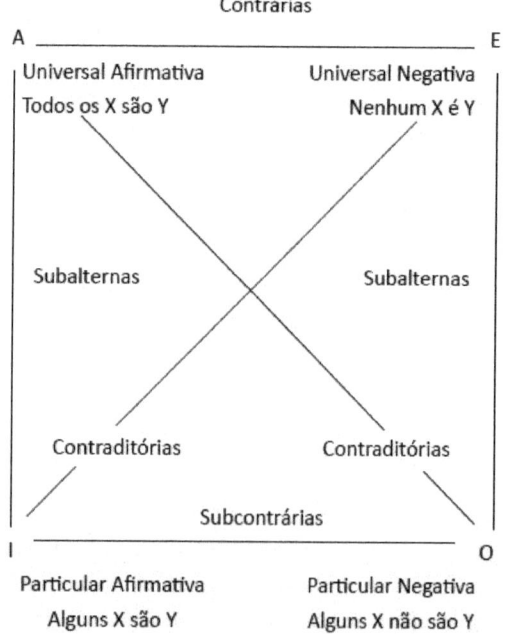

Os silogismos são também classificados na lógica tradicional segundo o lugar que o termo médio ocupa nas premissas. A conclusão tem sempre a forma sujeito-predicado (S – P) e M é o termo médio.

Uma ilustração é dada pelo diagrama a seguir:

FIGURA 1	FIGURA 2	FIGURA 3	FIGURA 4
M- P	P - M	M - P	P - M
S - M	S - M	M - S	M- S
S - P	S - P	S - P	S - P

EXEMPLO

O silogismo a seguir tem a forma da FIGURA 1

Todos os homens (M) são mortais (P) (premissa maior)

Sócrates (S) é homem (M) (premissa menor)

Sócrates é mortal (conclusão)

Têm-se: S – Sócrates (sujeito)

P – é mortal (predicado)

M – homem (termo médio)

É interessante observar que estudantes que se dedicam ao estudo da lógica tradicional ou aristotélica usam processos mnemônicos para recordar as formas válidas, conhecidas por *modos do silogismo*.

Existem ainda outras classificações, por exemplo, a que diz respeito à distribuição dos termos, mas tais detalhes não são aqui considerados.

Dois motivos justificam as classificações dadas anteriormente: 1) dar ao leitor uma noção do trato aristotélico à lógica; 2) mostrar como o Organon evoluiu até à Lógica Formal: *Categorias* e *Sobre a Interpretação* estão contidos nos itens referentes ao *Cálculo Proposicional*; *Primeiros Analíticos, Segundos Analíticos, Tópicos* e *Testes Sofísticos* são objeto do item Validade da Argumentação – da Parte II deste livro.

Assim, será visto que a simbologia e axiomatização conferem simplicidade, poder e, portanto, estética à Lógica Formal.

Chega-se, aqui, ao fim da ERA DOS FILÓSOFOS, depois do caminho ascendente percorrido pela dialética na ERA DOS SÁBIOS, tentando mostrar as *origens da lógica na filosofia grega*.

Exercícios Propostos

1) Escolha um sábio ou filósofo da sua preferência e faça uma pesquisa mais detalhada sobre sua vida e obra.

2) À semelhança do que fez Tales, calcule a altura de um poste usando sua sombra.

3) Utilize o conhecimento dos números irracionais que você já tem e resolva o problema proposto por Sócrates ao escravo de Mênon.

4) Construa uma *linha de tempo* do ano 0 ao século VII a.C. Localize os intervalos nos quais viveram os sá-

bios e os filósofos citados neste livro.

5) Dê uma interpretação geométrica do teorema de Pitágoras.

6) Faça uma pesquisa na internet sobra o famoso Paradoxo de Zenão – *Aquiles e a Tartaruga*.

7) Leia o Excerto, no final deste livro, sobre o tema *virtude*, constante do diálogo *Mênon* de Platão.

8) Faça uma pesquisa sobre a *Alegoria da Caverna de Platão*.

9) Use a linguagem coloquial para dar exemplos de proposições

a) universais afirmativas

b) universais negativas

c) particulares afirmativas

d) particulares negativas

e) contraditórias

f) contrárias

g) subalternas

h) subcontrárias,

usando as informações do *Quadro de Oposição* de Aristóteles.

10) Construa silogismos usando as Figuras de 1 a 4 utilizadas por Aristóteles.

Bibliografia

BLACKBURN, S. *Dicionário Oxford de Filosofia*. Rio de Janeiro: Zahar, 1997.

BOYER,C. *História da Matemática*. São Paulo: Edgard Blücher, 1974 .

COLEÇÃO OS PENSADORES. *História da Filosofia*. São Paulo: Nova Cultura Ltda, 1999.

COLLI, G. *O Nascimento da Filosofia*. São Paulo: Unicamp, 1996.

CHÂTELET, F. *História da Filosofia* (vol.1). Rio de Janeiro: Zahar, 1978.

DANTZIG, T. *Número*: a linguagem da ciência. Rio de Janeiro: Zahar, 1970.

EVES, H. *Introdução à História da Matemática*. São Paulo: Unicamp, 1977.

RUSSELL, B. *História do pensamento Ocidental*. Rio de Janeiro: Ediouro, 2002.

SAHAKIAN, W. S. *Outline History of Philosophy*. New York: Barnes and Noble Inc, 1968.

SERREAU, R. *Hegel et le L'hegelianisme*. Paris: Presses Universiteres de France, 1971.

Mapa do Mundo Mediterrâneo nos Tempos Clássicos

O Mediterrâneo Oriental nos tempos clássicos

1. Roma	8. Atenas	15. Mileto
2. Siracusa	9. Estagira	16. Bizâncio
3. Eléia	10. Abdera	17. Rodes
4. Crotona	11. Delos	18. Cnido
5. Tarento	12. Quio	19. Perga
6. Elis	13. Samos	20. Alexandria
7. Cirene	14. Pérgamo	21. Siena

67

Platão e Aristóteles - Museu de Londres

PARTE II
Lógica Formal

Quem diz matemática diz demonstração.
Bourbaki

2.1 Origem da Lógica na Matemática

Como visto na primeira parte deste livro, a origem da lógica na filosofia deve muito a Aristóteles: verificar se uma dada argumentação é válida, detectar falácias, utilizando classificação de palavras e de proposições, é uma tarefa homérica. Além disso, através da linguagem corrente, construir uma obra sobre lógica, *o Organon*, constantemente manuseada do século IV a.C. até o fim do século XIX, é tarefa de deuses. Apesar desse feito magnífico de Aristóteles, fica evidente que, num universo infinito de proposições, ele só consegue lidar com um número relativamente pequeno de silogismos, por usar propriedades específicas, com sujeitos e predicados específicos.

O momento mágico para o crescimento exponencial dessa lógica ocorre quando Leibniz, no século XVII, introduz o simbolismo algébrico na matemática. Uma vez estendido à obra aristotélica, quando alguém pronuncia *"seja p uma proposição"* não importando sua semântica, mas sua sintaxe, dá-se *a fuga da lógica da filosofia para a matemática*.

Entretanto, esse rito de passagem implica um mergulho no espírito formalizado da matemática, em particular, na sua estrutura algébrica. Nosso objetivo mediato é apresentar a *álgebra da lógica* ou a *álgebra booleana das proposições*. Esta se inicia com o trabalho do lógico e matemático inglês G. Boole (1815-1864), *The Laws of Thought* (As Leis do Pensamento).

Antes, porém, de imergir na lógica booleana, torna-se necessárias considerações fundamentais sobre o conceito de *estrutura algébrica*.

Estrutura Algébrica e Álgebra Booleana

As três estruturas mais importantes da matemática são: a topológica, a de ordem e a algébrica. Grosso modo, pode-se definir *topologia* como o estudo matemático da continuidade, e se entre os elementos de um conjunto é possível estabelecer uma relação que defina quando um elemento *precede* outro, diz-se que tal conjunto é *ordenado* ou que ele tem uma estrutura de ordem. Neste livro, interessam apenas conjuntos que têm uma *estrutura algébrica*, ou seja, uma ou mais regras de combinação, chamadas *operações binárias*, podem ser definidas entre os seus elementos. As definições que seguem usam o símbolo o para indicar uma operação binária qualquer. Exemplos específicos de o poderiam ser os sinais da adição ou da multiplicação de números.

Por exemplo, o conhecido conjunto dos números reais tem as três estruturas.

Operações Binárias

Uma *operação binária* ∘ sobre um conjunto M é uma regra que associa a cada par ordenado (a, b) de elementos de M, um único elemento $c = a \circ b$ pertencente a M. Muitos autores referem-se ao fato de c pertencer a M, dizendo que M é *fechado em relação à operação* ∘ . Um par (a, b) de elementos de um conjunto M diz-se *ordenado* se a é o primeiro elemento e b o segundo elemento do par.

Assim, $(a, b) \neq (b, a)$ e $(a, b) = (c, d)$ se e somente se $a = c$ e $b = d$.

A subtração, por exemplo, é uma operação binária no conjunto Q dos números racionais (números da forma *p/q*, em que *p* e *q* são inteiros relativos e *q* ≠ *0*), porém não é uma operação binária no conjunto N dos úmeros naturais 1, 2, 3, ... pois a diferença entre dois números quaisquer desse conjunto nem sempre é um inteiro positivo.

Sobre essas operações binárias, interessam-nos as seguintes definições:

• Uma operação binária ∘ sobre um conjunto M é *associativa* se e somente se quaisquer que sejam *a, b* e *c* de M,

$$a \circ (b \circ c) = (a \circ b) \circ c.$$

• Uma operação ∘ sobre um conjunto M é comutativa se e somente se para todo a e b de M,

$$a \circ b = b \circ a.$$

• Se ∘ e * são duas operações binárias sobre o mesmo conjunto M, ∘ é *distributiva* em relação a * se e somente se, para todo *a, b* e *c* de M,

$$a \circ (b * c) = (a \circ b) * (a \circ c).$$

A distributividade de * em relação a ∘ é:

$$a * (b \circ c) = (a * b) \circ (a * c)$$

quaisquer que sejam *a, b* e *c* de M.

• Um elemento *e* de M é um elemento *neutro* (ou elemento *identidade* ou elemento *unidade)* para a operação binária ∘ se e somente se

$$a \circ e = e \circ a = a$$

para todo elemento *a* de M.

• Se para todo elemento *a* de M, munido da operação ∘ existe um elemento *a'* de M tal que

$$a \circ a' = a' \circ a = e$$

a' diz-se *elemento inverso* (ou *oposto*) de a.

EXEMPLOS

Considere-se o conjunto Z dos inteiros relativos munido das operações binárias de adição e multiplicação. Tal conjunto é fechado em relação a cada uma delas, ambas são comutativas e associativas e apenas a multiplicação é distributiva em relação à adição. O *0* (zero) é o elemento neutro da adição e o número *1* (um) é o elemento neutro da multiplicação. Em relação à adição, todo elemento a pertencente a Z tem um oposto, $- a$, não valendo o mesmo para a multiplicação.

O conjunto dos números pares, por exemplo, não tem elemento neutro em relação à multiplicação.

De um modo geral, diz-se que um conjunto M, munido de uma ou mais operações que gozam de determinadas propriedades é uma *estrutura algébrica*.

Uma das mais importantes tem o nome de *grupo* e é considerada a pedra fundamental da álgebra abstrata. Para que um conjunto G tenha estrutura de *grupo* basta que nele esteja definida apenas uma operação associativa, com um elemento neutro e ainda que cada elemento de G tenha um inverso. Se, além disso, a operação considerada for comutativa, G é chamado grupo *comutativo*. Assim, o conjunto dos inteiros relativos Z é um grupo comutativo infinito em relação à adição.

O conjunto constituído pelos elementos 1, -1 com a operação multiplicação é um outro exemplo de grupo comutativo, porém finito.

Os conjuntos Q dos números racionais e o dos números reais R, têm a estrutura de grupo comutativo em relação à conhecida operação de adição.

Há ainda os grupos de translação, de rotação, de simetria, cristalográficos etc.

Além da estrutura algébrica de *grupo* existem outras também importantes, denominadas *anel, corpo, espaço vetorial, módulo, álgebra* etc.

Convém salientar que as estruturas algébricas, topológicas e de ordem constituem a base de uma grande síntese do pensamento matemático.

De todas as estruturas algébricas, a que vai interessar de agora em diante é a chamada *álgebra booleana* ou *álgebra de Boole*, criação do lógico inglês George Boole em meados do século XIX.

Uma Axiomática da Álgebra Booleana

Antes de abordá-la, é conveniente explicar o que se entende por *axiomática* ou *método axiomático*. Expressões, hoje consideradas sinônimas, como *conceito primitivo, princípio, definição, axioma,* ou *postulado,* não podem ser provadas porque elas se constituem em *verdades últimas* que são usadas para provar outras proposições. A demonstração de uma proposição implica a utilização de uma mais geral ou de outras proposições já demonstradas. Quando se apela para a mais fundamental, a *última verdade*, não existem verdades além dela e, portanto, deve ser aceita sem demonstração. Por esta razão as verdades fundamentais da ciência devem ser consideradas como auto-evidentes.

O método axiomático consiste em definir um conjunto de proposições desse tipo, assim como os processos de demonstração ou as regras de inferência que são

permitidos, para derivar então, teoremas ou propriedades que daí resultam.

A axiomática da álgebra booleana aqui apresentada é
a dada por Huntington, em 1904. Muitos outros conjuntos de axiomas (ou postulados) podem ser escolhidos
definindo igualmente bem a álgebra de Boole. A axiomática de Huntington tem a vantagem de que nenhum
axioma pode ser derivado dos outros. Em outras palavras, eles são independentes.

DEFINIÇÃO. Diz-se que um conjunto B munido de duas
operações binárias (+) e (·) (onde a.b pode ser indicado
também por ab) é uma *álgebra booleana* se e somente
se os seguintes axiomas se verificam:

A1. As operações (+) e (·) são comutativas.

A2. Existem em B elementos neutros distintos,
aqui indicados por 0 e 1, referentes às
operações (+) e (·), respectivamente.

A3. Cada operação é distributiva em relação à
outra.

A4. Para todo *a* de B existe um elemento *a'* de B
tal que

$$a + a' = 1 \quad e \quad a \cdot a' = 0$$

Assim, qualquer teorema de uma álgebra booleana
ou é derivado dos axiomas A1, A2, A3 e A4 ou de outras
proposições demonstradas com base nos mesmos.

É conveniente observar que não existe uma razão para que as duas operações na definição acima devam ser
indicadas por (+) e (·). Quaisquer dois outros símbolos,
como por exemplo, ∘ e * ou V e ∧ podem ser utiliza-

dos. O mesmo vale para a notação dada aos elementos neutros e para o elemento a' do axioma A4.

OBSERVAÇÃO 1. O método axiomático ou postulacional de raciocínio é encontrado na Grécia Antiga. Dispondo da munição doada pela lógica aristotélica no século IV a. C., deve-se a Euclides, século III a.C., sua sistematização e aplicação à geometria. Em *Os Elementos*, sua grande obra, ele pretende deduzir 465 proposições de apenas dez axiomas ou postulados. O aspecto formal de *Os Elementos* causa um impacto tão forte que penetra progressivamente em toda a matemática, através de todos os séculos.

OBSERVAÇÃO 2. *A formalização de uma teoria* consiste não só na sua axiomatização, mas também na sua expressão através de uma linguagem de símbolos, drenando suas expressões de qualquer significado. Assim, a lógica que será construída a partir do item seguinte, por ter uma estrutura algébrica é chamada *lógica matemática*; por se expressar em símbolos é denominada *lógica simbólica* e por ser, portanto, um sistema formalizado é denominada *lógica formal*. Podem-se usar indistintamente as três designações.

2.2 Cálculo Proposicional e Álgebra de Boole das Proposições

Retorne-se a aquele momento chamado *mágico*, quando alguém pronunciou *"seja p uma proposição"*, não importando sua semântica, mas sua sintaxe. Já foi dito que ele é caracterizado como o ponto de partida da fuga da lógica, da filosofia para a matemática.

Sobre esse símbolo *p* são exigidas condições, consideradas como *conceitos primitivos* ou *princípios* que, embora não definíveis por serem *verdades últimas,* tem-se deles uma concepção intuitiva, já abordada na Parte I, em Parmênides e, posteriormente, em Aristóteles:

- *p* deve ser uma sentença declarativa
- *p* é verdadeira ou falsa (*princípio do terceiro excluído*)
- *p* não pode ser ao mesmo tempo verdadeira e falsa (*princípio da não-contradição*).

Por *sentença declarativa* entende-se toda expressão constituída por *sujeito* e *predicado* (claro ou oculto) não podendo, portanto, ser interrogativa ou exclamativa. O *princípio do terceiro excluído* afirma não existir uma terceira possibilidade para uma proposição *p*: é *verdadeira* ou *falsa*. O *princípio da não-contradição* significa que uma proposição não pode contradizer a si mesma.

Os termos *verdadeiro, falso* e *proposição* serão aqui tomados como conceitos primitivos, portanto, não definíveis, embora por intuição, uma sentença declarativa é verdadeira se ela exprime um juízo que não se pode negar racionalmente, ou seja, o seu conteúdo é irrefutável. Por exemplo, *a Terra é um planeta*. Em oposição, é falsa quando o juízo por ela expresso é refutável como *a Lua é uma estrela*. Sentenças declarativas do tipo *Sócrates foi um homem simpático* não são consideradas, neste contexto, como uma *proposição* ou *proposição lógica* porque ela pode ser verdadeira para alguns e falsa para outros.

Valores Lógicos das Proposições

Um dos primeiros requisitos para a construção de uma teoria é a delimitação do seu *universo*: *um conjunto fundamental* constituído por todos os *entes* que nessa teoria são considerados *elementos*. Assim o universo U da Lógica Formal é o conjunto das proposições que satisfazem aos princípios do terceiro excluído e da não-contradição. Tais princípios nos levam a admitir dois únicos valores denominados *valores lógicos*: *o valor verdade*, para representar qualquer proposição verdadeira, e *o valor falsidade* para representar qualquer proposição falsa; daí a lógica simbólica ser também chamada de *lógica bivalente*.

Existem duas notações para a designação dos valores lógicos das proposições: uma é a letra inicial da palavra *verdade* ou da palavra *falsidade* na língua que se está usando. Outra é a designação do valor verdade pelo algarismo 1 e do valor falsidade pelo algarismo 0. Esta última será a utilizada neste livro.

No universo U das proposições, definem-se operações e estudam-se suas propriedades, à semelhança do que é feito, por exemplo, em conjunto numéricos com as operações de adição e multiplicação.

79

As proposições são aqui indicadas por letras minúsculas, em itálico.

Equivalência entre Proposições

A primeira definição que se impõe, com o objetivo de exibir a estrutura algébrica da Lógica Formal, é a de *equivalência* entre proposições, a qual desempenha um papel semelhante ao de *igualdade* entre números.

Duas proposições *p* e *q* dizem-se *equivalentes* se e somente se ambas são verdadeiras ou ambas são falsas, ou seja, se *elas têm o mesmo valor lógico*.

São utilizadas, indistintamente, as seguintes notações para indicar que *p* e *q* são equivalentes:

$$p = q \quad \text{ou} \quad p \equiv q \quad \text{ou} \quad p \Leftrightarrow q$$

Em qualquer dos casos, lê-se: *p é equivalente a q* ou *p e q são equivalentes.*

EXEMPLOS

1) *10 + 2 = 12 $\Leftrightarrow$ 5 x 4 = 20*
2) *a lua é um satélite $\Leftrightarrow$ o sol é uma estrela*
3) *a terra é uma estrela = 4 < 0*
4) *João é meu neto $\equiv$ João é filho de uma das minhas filhas.*

Para indicar que duas proposições *p* e *q não são equivalentes*, usam-se indistintamente as notações,

$$p \neq q \quad \text{ou} \quad p \not\equiv q \quad \text{ou} \quad p \not\Leftrightarrow q$$

que se lê, em qualquer dos casos:
p não é equivalente a q

ou *p* e *q* não são equivalentes.

EXEMPLOS

$10 + 5 = 15 \not\Leftrightarrow 5 < 0$

a Lua é uma estrela $\not\equiv$ a Terra é um planeta

Vale enfatizar: do mesmo modo que é possível substituir uma expressão numérica por outra que lhe seja igual, também pode-se substituir uma proposição por outra que lhe seja equivalente.

OBSERVAÇÃO. O aspecto estranho da definição anterior deve-se ao fato de que pode não haver vínculo entre os significados das proposições ligadas pelo sinal de equivalência, como é o caso dos exemplos 1), 2) e 3) citados.

Por esse motivo, tal tipo de equivalência é chamado *equivalência material*, em oposição ao conceito de *equivalência formal*, que será estudado mais adiante, no qual existe vínculo semântico entre as proposições envolvidas, como ilustra o exemplo 4).

A definição de equivalência material permite *partir* o universo U das proposições em *duas classes*: a das *proposições verdadeiras* e a das *proposições falsas*. Observe-se que entre elas não existem elementos comuns pelo princípio da não-contradição. Como qualquer proposição verdadeira pode ser representada pelo algarismo 1 e qualquer proposição falsa pelo algarismo 0, pode-se substituir o universo U das proposições, que é infinito, por um conjunto de apenas dois elementos $\{0,1\}$ ou $U = \{0,1\}$. Essa é a primeira grande conquista da Lógica Formal.

Operações com Proposições

É possível definir operações no conjunto das proposições à semelhança do que é feito nos conjuntos numéricos. Apresentam-se a seguir quatro operações: *conjunção, disjunção inclusiva, disjunção exclusiva* e *negação*.

Conjunção

Chama-se *conjunção* das proposições *p* e *q* de U, à proposição *p* ∧ *q* (que se lê: *p* e *q*), definida por:

p ∧ *q* é verdadeira se e somente se as proposições dadas forem *ambas* verdadeiras.

EXEMPLO

Considerem-se as duas seguintes proposições:

p : *Vênus é um planeta*

q : *Órion é uma constelação*

Como ambas são verdadeiras, é verdadeira a proposição

p ∧ *q*: *Vênus é um planeta* ∧ *Órion é uma constelação*

ou, na linguagem usual:

Vênus é um planeta e Órion é uma constelação.

Entretanto, é falsa a proposição:

a Terra é um planeta e Vênus é uma estrela,

por ser falsa uma das proposições dadas.

Pode-se também considerar a conjunção como uma operação definida no conjunto U = {0,1}, formado pelos dois valores lógicos 0 e 1, onde 0 representa qualquer proposição falsa e 1 qualquer proposição verdadeira.

Para isso, utilize-se a *tabuada da conjunção*, representada indiferentemente pelas Tabelas 2-1 ou 2-2.

p∧q		
p\q	0	1
0	0	0
1	0	1

Tabela 2-1

p	q	p∧q
0	0	0
1	1	1
0	1	0
1	0	0

Tabela 2-2

Disjunção Inclusiva

Chama-se *disjunção inclusiva* das proposições *p* e *q* de U à proposição *p* v *q* (que se lê: *p* ou *q*), definida por:

p v *q* é verdadeira se somente se *pelo menos uma* das proposições dadas for verdadeira.

EXEMPLO. Considerem-se as proposições:

a: Júpiter é um planeta

b: Saturno é uma estrela

Como pelo menos uma delas é verdadeira, também o é a proposição

a v *b*: Júpiter é um planeta v Saturno é uma estrela,

ou, na linguagem usual:

Júpiter é um planeta ou Saturno é uma estrela.

83

Por outro lado, é falsa a proposição:

Júpiter é uma estrela ou Saturno é um cometa,

por serem falsas ambas as proposições.

Considerem-se ainda as proposições:

    p: Sírius é uma estrela

    q: o Sol é um planeta

    r: a Terra é um satélite

    s: Órion é uma constelação

Têm-se: $p \vee q$, $p \vee r$, $p \vee s$, $q \vee s$, $r \vee s$ são proposições verdadeiras porque, em cada caso, pelo menos uma das proposições é verdadeira. Já a proposição $q \vee r$ é falsa, por serem falsas ambas as proposições q e r. No caso particular de ambas as proposições serem verdadeiras, então pelo menos uma o é.

As Tabelas 2-3 ou 2-4 representam indistintamente a *tabuada da disjunção inclusiva*, considerando esta operação definida no conjunto U = {0,1} dos valores lógicos.

$p \vee q$		
$p \backslash q$	0	1
0	0	1
1	1	1

Tabela 2-3

p	q	$p \vee q$
0	0	0
1	1	1
0	1	1
1	0	1

Tabela 2-4

Disjunção Exclusiva

Chama-se *disjunção exclusiva* das proposições *p* e *q* de U, à proposição *p* $\dot\vee$ *q* (que também se lê *p* ou *q*) definida por:

p $\dot\vee$ *q* é verdadeira se e somente se *apenas uma* das proposições dadas for verdadeira.

EXEMPLOS. Considerando as proposições *p, q, r* e *s* do item anterior, são verdadeiras as proposições *p* $\dot\vee$ *q*, *p* $\dot\vee$ *r*, *q* $\dot\vee$ *s*, *r* $\dot\vee$ *s*, porque *apenas uma* delas é verdadeira. A proposição *p* $\dot\vee$ *s* é falsa porque ambas as proposições *p* e *s* são verdadeiras; *q* $\dot\vee$ *r* também é falsa por serem falsas as proposições *q* e *r*.

As tabelas 2-5 ou 2-6 representam indistintamente a *tabuada da disjunção exclusiva*, considerando-a como uma operação definida no conjunto dos valores lógicos.

$p\dot\vee q$		
p\q	0	1
0	0	1
1	1	0

Tabela 2-5

p	q	$p\dot\vee q$
0	0	0
1	1	0
0	1	1
1	0	1

Tabela 2-6

OBSERVAÇÃO. Convenciona-se, neste texto, que qualquer referência à disjunção, desacompanhada dos adjetivos *inclusiva* ou *exclusiva*, corresponderá à *disjunção inclusiva*.

Como em português só há uma palavra para indicar o *ou inclusivo* e o *ou exclusivo*, tornam-se consensuais na língua usual, as seguintes convenções: o ou *inclusivo* é frequentemente substituído por *e/ou* e o ou *exclusivo* por *ou...ou...* para evitar ambiguidade.

Assim, por exemplo, na disjunção a seguir,

sou professora ou advogada,

pela convenção adotada, o *ou* que nela figura é inclusivo, ou seja, *sou professora e/ou advogada*. Entretanto, a comunicação do fato de que *sou professora ou advogada* mas não ambas as coisas, deve ser expressa pela frase:

ou sou professora, ou sou advogada.

Já na expressão

canto ou assovio,

o *ou* que nela figura é naturalmente entendido na linguagem coloquial como *exclusivo*, dispensando, portanto, a forma:

ou canto ou assovio.

Negação

Até aqui tem-se trabalhado com *operações binárias* definidas no conjunto U: regras que associam a cada dois elementos de U, um terceiro elemento que também pertence a U, por ser uma sentença declarativa verdadeira ou falsa, não podendo ser ao mesmo tempo verdadeira e falsa. Define-se agora, a única operação *unária* neste conjunto através de uma regra que associa a um elemento qualquer de U um outro elemento pertencente a U.

Chama-se *negação* de uma proposição *p* de U, à proposição ~ *p* (que se lê: *não p* ou *não é verdade que p*), definida por:

~ *p é verdadeira se p* for *falsa* e *falsa* se *p* for *verdadeira.*

EXEMPLO. Seja *p* a proposição

Sírius é uma estrela.

A negação de *p* é indicada por

~ (*Sírius é uma estrela*)

que se lê:

não é verdade que Sírius é uma estrela,

ou, o que é o mesmo

Sírius não é estrela.

A Tabela 2-7, a seguir, representa a *tabuada da negação*, considerando tal operação definida no conjunto dos valores lógicos.

p	~p
0	1
1	0

Tabela 2-7

Em geral, nas proposições de estrutura simples, do tipo sujeito-predicado, a negação é feita antepondo-se o advérbio *não* ao verbo, como foi visto no exemplo anterior. Mais adiante, tem-se a oportunidade de ver que a operação *negação* não é tão trivial.

OBSERVAÇÃO. Pode-se dizer que as expressões *ambas*, *pelo menos uma*, *apenas uma* e *não* caracterizam a *conjunção*, a *disjunção inclusiva*, a *disjunção exclusiva* e a *negação*, respectivamente.

Álgebra Booleana das Proposições

Demonstre-se agora que o conjunto U = {0,1}, munido das operações de conjunção e disjunção satisfaz aos axiomas A1, A2, A3 e A4, que definem uma estrutura algébrica booleana, segundo a axiomática de Huntington, anteriormente considerada.

Por enquanto, continua-se a dar preferência às notações $\lor$ e $\land$ para indicar, respectivamente, as operações de disjunção e conjunção . Elas colocam em evidência a propriedade de *simetria* ou de *dualidade* que caracteriza não só os axiomas da álgebra de Boole, mas todos os teoremas deles derivados.

Axioma A1

Comutatividade da disjunção	Comutatividade da conjunção
$a \lor b = b \lor a$	$a \land b = b \land a$

Axioma A2

Existência do elemento neutro da disjunção (o valor lógico 0)

Existência do elemento neutro da conjunção (o valor lógico *1*)

$$a \vee 0 = a$$

$$a \wedge 1 = a$$

Axioma A3

Distributividade da disjunção em relação à conjunção

Distributividade da conjunção em relação à disjunção

$$a \vee (b \wedge c) = (a \vee b) \wedge (a \vee c)$$

$$a \wedge (b \vee c) = (a \wedge b) \vee (a \wedge c)$$

Axioma A4

Para todo *a* de U, existe um elemento *a´* de U, tal que

$$a \vee a´ = 1 \text{ e } a \wedge a´ = 0$$

Tais axiomas devem ser verdadeiros, quaisquer que sejam os valores lógicos de *a*, *b* e *c*, para que o conjunto U = {0,1} munido das operações de conjunção e disjunção seja uma álgebra de Boole.

De fato, uma análise rápida das Tabelas 2-1 e 2-3 mostra a validade dos Axiomas A1 e A2.

Para demonstrar a veracidade do Axioma A3, em particular, que a conjunção é distributiva em relação à disjunção, pode-se utilizar um dispositivo conhecido como *tabela de verdade*, representada pela Tabela 2-8 a seguir. Tal método foi introduzido por Peirce (1839-1914), lógico, matemático e filósofo inglês.

Como cada um dos elementos a, b e c toma dois valores 0 e 1, trata-se de formar os arranjos com repetição desses valores três a três. Haverá, portanto, $2^3 = 8$ arranjos. Porém, no exemplo anterior, devido à comutatividade das operações envolvidas, o número de casos poderá reduzir-se a seis.

a	b	c	b∨c	a∧b	a∧c	a∧(b∨c)	(a∧b)∨(a∧c)	a∧(b∨c)=(a∧b)∨(a∧c)
0	0	0	0	0	0	0	0	1
0	0	1	1	0	0	0	0	1
0	1	0	1	0	0	0	0	1
0	1	1	1	0	0	0	0	1
1	0	0	0	0	0	0	0	1
1	0	1	1	0	1	1	1	1
1	1	0	1	1	0	1	1	1
1	1	1	1	1	1	1	1	1

Tabela 2-8

Na última coluna da Tabela 2-8 é colocada a expressão que se quer demonstrar. Observe-se que, pela definição, a equivalência é, em cada caso, verdadeira, isto é, tem valor lógico 1 porque as expressões por elas ligadas são ambas verdadeiras ou ambas falsas. Tal fato demonstra a distributividade da conjunção em relação à disjunção. De modo análogo, prova-se a distributividade da disjunção em relação à conjunção valendo, portanto, o Axioma A3.

Observe-se que as tabelas de verdade dão uma demonstração *caso a caso*, por isso são legítimas. Entretanto, quando uma propriedade envolve quatro proposições ou mais, o processo torna-se bastante trabalhoso, por envolver um número muito grande de linhas. Opta-se, então, por outros processos de demonstração, oportunamente exibidos.

Resta demonstrar a validade do Axioma A4: para todo a de U existe um elemento a' de U tal que

$$a \vee a' = 1 \quad e \quad a \wedge a' = 0$$

Afirma-se que a' deve estar associado a a e que $a' = \sim a$. A constatação de que

$$a \vee \sim a = 1$$
$$e$$
$$a \wedge \sim a = 0$$

é imediata.

As duas expressões acima traduzem, sob forma simbólica, os princípios do terceiro excluído e da não-contradição da lógica aristotélica, ou seja:

uma proposição é verdadeira ou falsa, e

uma proposição não pode ser ao mesmo tempo verdadeira e falsa.

Esta particular passagem da linguagem simbólica para a usual ilustra a potência, a simplicidade e, portanto, a estética da Lógica Formal.

Uma vez satisfeitos os axiomas A1, A2, A3 e A4, fica demonstrado que o conjunto U = {0,1} satisfaz à axiomática de Huntington. O objetivo agora é demonstrar as propriedades ou teoremas derivados desses axiomas, que interessam à teoria ora em construção.

TEOREMA T1 (Lei da Dualidade Lógica)

Toda afirmação dedutível dos axiomas da álgebra booleana U permanece válida quando se troca *conjunção* por *disjunção*, *disjunção* por *conjunção*, 0 por 1 e 1 por 0, deixando inalterada a *negação*, onde esta ocorrer. Assim, por exemplo, aplicando a Lei da Dualidade

Lógica à Tabela 2-8, obtém-se a prova de que a disjunção é distributiva em relação à conjunção.

DEMONSTRAÇÃO. A prova deste teorema segue imediatamente da *dualidade* já existente nos axiomas A1, A2, A3 e A4, em relação às duas operações $\vee$ e $\wedge$ e aos dois elementos neutros 0 e 1.

Se uma afirmação ou expressão algébrica booleana é obtida de outra por uma aplicação do princípio da dualidade, diz-se que a segunda é *dual* da primeira. Neste caso, é claro que a primeira é também *dual* da segunda.

Cada um dos teoremas a seguir contém duas afirmações duais, com exceção de uma que é dual de si mesma. Pelo Teorema T1 é suficiente provar uma de cada par de afirmações duais. Entretanto, para mostrar a natureza da dualidade, ambas as provas serão dadas no Teorema T2, como exemplo. Cada passo em uma demonstração corresponde ao seu dual na outra e as respectivas justificativas se utilizam do mesmo axioma.

TEOREMA T2 (Lei da Idempotência)

Para todo elemento a de U,

$$a \vee a = a \quad e \quad a \wedge a = a$$

DEMONSTRAÇÃO.

$a \vee a = (a \vee a) \wedge 1$	por A2	$a \wedge a = (a \wedge a) \vee 0$	por A2
$= (a \vee a) \wedge (a \vee \sim a)$	por A4	$= (a \wedge a) \vee (a \wedge \sim a)$	por A4
$= a \vee (a \wedge \sim a)$	por A3	$= a \wedge (a \vee \sim a)$	por A3
$= a \vee 0$	por A4	$= a \wedge 1$	por A4
$= a$	por A2	$= a$	por A2

TEOREMA T3
(Existência de um Elemento Absorvente)

Para todo elemento a de U,

$$a \lor 1 = 1 \qquad e \qquad a \land 0 = 0$$

DEMONSTRAÇÃO.

$a \lor 1 = 1 \land (a \lor 1)$	por A2
$= (a \lor \sim a) \land (a \lor 1)$	por A4
$= a \lor (\sim a \land 1)$	por A3
$= a \lor \sim a$	por A2
$= 1$	por A4

Assim, 1 é o *elemento absorvente* da *disjunção* e, por dualidade, 0 é o *elemento absorvente* da *conjunção*.

TEOREMA T4
(Lei da Associatividade)

As operações binárias $\lor$ e $\land$ definidas em U são associativas, isto é, quaisquer que sejam os elementos a, b e c de U,

$$a \lor (b \lor c) = (a \lor b) \lor c \quad e \quad a \land (b \land c) = (a \land b) \land c$$

Este resultado nos permite escrever

$$a \lor (b \lor c) = a \lor b \lor c \quad e \quad a \land (b \land c) = a \land b \land c$$

DEMONSTRAÇÃO. A demonstração da propriedade associativa através dos axiomas ou de teoremas já demonstrados apresenta alguma complexidade. Por esse motivo, sugere-se que o leitor a demonstre, como exercício, fazendo uso da *tabela de verdade* de Peirce.

TEOREMA T5
(Unicidade da Negação)

O elemento $\sim a$, associado ao elemento a, de U é único.

Em outras termos, somente um elemento, $\sim a$, de U satisfaz o axioma A4.

DEMONSTRAÇÃO. Suponha-se, *por hipótese*, que existam dois elementos x e y de U, tais que:

$a \lor x = 1$ 　　　　　 e 　　　　　 $a \lor y = 1$

$a \land x = 0$ 　　　　　　　　　　　 $a \land y = 0$

Então,

$x = 1 \land x$	por A2
$= (a \lor y) \land x$	por hipótese
$= (a \land x) \lor (y \land x)$	por A3
$= 0 \lor (y \land x)$	por hipótese
$= (y \land x)$	por A2
$= (x \land y)$	por A1
$= (x \land y) \lor 0$	por A2
$= (x \land y) \lor (a \land y)$	por hipótese
$= (x \lor a) \land y$	por A3
$= 1 \land y$	por hipótese
$= y$	por A2

Assim, dois quaisquer elementos x e y de U, associados a a, conforme especificado em A4, coincidem.

TEOREMA T6
(Lei da Dupla Negação)

Para todo elemento a de U,

$$\sim\sim (\sim a) = a$$

DEMONSTRAÇÃO. Se a for uma proposição verdadeira, $\sim a$ é falsa e, portanto, $\sim\sim a$ é verdadeira. Se a for falsa, $\sim a$ é verdadeira e, consequentemente, $\sim\sim a$ é falsa. Em qualquer um dos casos, $\sim\sim a$ tem o mesmo valor de a.

TEOREMA T7
(Primeiras Leis de De Morgan)

Quaisquer que sejam a e b de U,

$$\sim (a \vee b) = \sim a \wedge \sim b \quad e \quad \sim (a \wedge b) = \sim a \vee \sim b$$

DEMONSTRAÇÃO. Pelo Axioma A4, para todo elemento a de U, existe um elemento a' de U tal que

$$a \vee a' = 1 \quad e \quad a \wedge a' = 0 .$$

Já foi provado que $a' = \sim a$. Pelo Teorema 5, $\sim a$ é o único elemento de U que satisfaz *simultaneamente* às duas condições. Portanto, provando que

$$(a \vee b) \vee (\sim a \wedge \sim b) = 1 \quad e \quad (a \vee b) \wedge (\sim a \wedge \sim b) = 0,$$

chega-se à conclusão de que

$$(\sim a \wedge \sim b) = \sim (a \vee b)$$

De fato,

$(a \vee b) \vee (\sim a \wedge \sim b) = (a \vee b \vee \sim a) \wedge (a \vee b \vee \sim b)$ por A3

$\qquad\qquad = (1 \vee b) \wedge (a \vee 1)$ por A1, A2, A4 e T4

$\qquad\qquad = 1 \wedge 1$ por T3

$\qquad\qquad = 1$ por A2

Também

$(a \vee b) \wedge (\sim a \wedge \sim b) = (\sim a \wedge \sim b \wedge a) \vee (\sim a \wedge \sim b \wedge b)$ por A3

$\qquad\qquad = (0 \wedge \sim b) \vee (\sim a \wedge 0)$ por A4 e A1

$\qquad\qquad = 0 \vee 0 = 0$ por T3 e A2

Em relação às Leis de De Morgan, costuma-se usar o seguinte *jargão* com o objetivo de abreviá-las:

- *a negação da disjunção é a conjunção das negações e*
- *a negação da conjunção é a disjunção das negações.*

Diz-se também:

- *negar que ambas as proposições a e b são verdadeiras equivale a afirmar que pelo menos uma é falsa e*
- *negar que pelo menos uma das proposições a e b é verdadeira, equivale a afirmar que ambas são falsas.*

TEOREMA T8

(Lei da Equivalência)

Se duas proposições *a* e *b* de U são equivalentes, as suas negações também são equivalentes. Ou, em símbolos,

$$(a = b) \Leftrightarrow (\sim a = \sim b)$$

DEMONSTRAÇÃO. É trivial, pois se *a* e b têm os mesmos valores lógicos, então ~*a* e ~*b* também terão.

TEOREMA T9

Quaisquer que sejam os elementos *a* e *b* de U,

$$a \, \dot{\vee} \, b = (a \wedge \sim b) \vee (b \wedge \sim a)$$

DEMONSTRAÇÃO. Use-se a *tabela de verdade de Peirce*, recordando que a disjunção exclusiva só é verdadeira quando *apenas uma* das proposições *a* e *b* for verdadeira.

Tem-se:

a	b	~a	~b	a∧~b	b∧~a	a ẇ b	(a∧~b)∨(b∧~a)	a ẇ b = (a∧~b)∨(b∧~a)
1	1	0	0	0	0	0	0	1
0	0	1	1	0	0	0	0	1
1	0	0	1	1	0	1	1	1
0	1	1	0	0	1	1	1	1

Tabela 2-9

OBSERVAÇÃO. Para constatar como a linguagem simbólica expressa a linguagem coloquial, considerem-se as proposições:

a: canto

b: assovio

Então,

a ẇ b = canto ou assovio =
= canto e não assovio ou assovio e não canto.

TEOREMA T 10.

Quaisquer que sejam os valores lógicos a e b de U, têm-se:

$$a \lor b = \sim (\sim a \land \sim b) \quad e \quad a \land b = \sim (\sim a \lor \sim b)$$

ou seja, a disjunção pode ser expressa em termos da conjunção e da negação e a conjunção em termos da disjunção e da negação.

DEMONSTRAÇÃO. Usando as leis de De Morgan, o princípio da equivalência e a lei da dupla negação têm-se:

$$\sim (a \lor b) = \sim a \land \sim b$$
$$\sim \sim (a \lor b) = \sim (\sim a \land \sim b)$$
$$a \lor b = \sim (\sim a \land \sim b)$$

Pela Lei da Dualidade Lógica, vale a dual da expressão demonstrada.

Os Teoremas T9 e T10 mostram que a disjunção exclusiva, a disjunção inclusiva, a conjunção e a negação não são operações independentes.

OBSERVAÇÃO 1. Nas tabelas 2-8 e 2-9, a coluna referente à expressão que se pediu para demonstrar, só contém o valor lógico 1. Em todos os casos em que uma expressão é verdadeira, quaisquer que sejam os valores lógicos de suas proposições, diz-se que ela é uma *tautologia*. Em oposição, quando uma expressão é falsa, quaisquer que sejam os valores lógicos das suas proposições, diz-se que ela é uma *contradição*. Por exemplo, as já conhecidas expressões

98

$a \lor \sim a$ é uma tautologia e

$a \land \sim a$ é uma contradição.

OBSERVAÇÃO 2. Constatam-se analogias entre propriedades da disjunção de proposições e da adição de números, valendo o mesmo para a conjunção e a multiplicação. Por esse motivo, a disjunção e a conjunção são chamadas, respectivamente, de *adição lógica* e *multiplicação lógica*.

Por questões funcionais, serão substituídas oportunamente, neste livro, as notações

$p \lor q$ por $p + q$,

$p \land q$ por $p \cdot q$ ou, simplesmente, $p\,q$

Também, em lugar de $\sim p$ será usado p'.

Por exemplo, com as novas notações, as leis de De Morgan são expressas da seguinte maneira:

$$(p + q)' = p'q' \quad e \quad (p\,q)' = p' + q'$$

Implicação Material

Além da conjunção, disjunção inclusiva, disjunção exclusiva e negação, é agora abordada mais uma operação que utiliza as sentenças condicionais de uma língua, isto é, expressões do tipo:

se p então q,

ou, equivalentemente,   *p implica q.*

Ela está presente na nossa linguagem cotidiana e é de

fundamental importância não só na matemática, como nas ciências de um modo geral.

Trata-se da chamada *implicação material*; como as demais, é uma operação definida no conjunto U={0,1} dos valores lógicos.

Chama-se *implicação* entre as preposições *p* e *q* à proposição p ⟹ q (que se lê: *p implica q*), definida por:

p ⟹ *q* é verdadeira se e somente se a proposição ~ *p* v *q* é verdadeira.

Em símbolos, tem-se:

$$(p \Rightarrow q) = (\sim p \vee q);$$

p ⟹ q é também expressa por

se *p, q*

se *p* então *q*

ou ainda,   *q* se *p*.

A proposição *p* é chamada o *antecedente* e *q* o *consequente* da implicação.

EXEMPLO

Sejam *p* e *q* as proposições:

p: eu não consigo um emprego

q: eu saio do meu país

A partir delas, tem-se:

p ⟹ q: *eu não consigo um emprego* ⟹ *eu saio do meu país*

o que é equivalente a:

~p V q: eu *consigo um emprego ou eu saio do meu país,*

$p \Rightarrow q$ também pode ser lida:

se eu não conseguir um emprego então saio do meu país,

ou, simplesmente,

se não conseguir um emprego, saio do meu país,

ou ainda,

saio do meu país se não conseguir um emprego.

Para considerar a implicação como uma operação definida no conjunto U = {0,1} dos valores lógicos, observe-se primeiramente em que condições a disjunção ~ p V q é verdadeira ou falsa.

Para facilitar tal análise, utilize-se o recurso da *tabela de verdade* a seguir:

p	q	~p	~pvq
1	1	0	1
0	0	1	1
0	1	1	1
1	0	0	0

Tabela 2-10

Tendo em vista que, por definição,

$$(p \Rightarrow q) = (\sim p \lor q)$$

conclui-se que:

$(1 \Rightarrow 1) = 1$

$(0 \Rightarrow 1) = 1$

$(0 \Rightarrow 0) = 1$

$(1 \Rightarrow 0) = 0$

Este fato nos permite construir a *tabuada da implica-ção*, representada pelas Tabelas 2-11 ou 2-12.

$p \Rightarrow q$		
p\q	0	1
0	1	1
1	0	1

p	q	$p \Rightarrow q$
0	0	1
1	1	1
0	1	1
1	0	0

Tabela 2-11   Tabela 2-12

Como se vê, $(0 \Rightarrow 1) \neq (1 \Rightarrow 0)$, ou seja, a operação implicação não é comutativa.

OBSERVAÇÃO 1. A definição de implicação conduz à seguinte conclusão:

$$p \Rightarrow q$$

é verdadeira quando o valor lógico do antecedente p é igual ou menor que o valor lógico do consequente q.

Este fato torna operacionável o uso da implicação.

OBSERVAÇÃO 2. Pela definição dada são verdadeiras as implicações:

1) *o gato mia $\Rightarrow$ o gato está vivo*
2) *este animal é mamífero $\Rightarrow$ este animal é vertebrado*

3) *existem plantas naquela sala* ⇒ *existem seres vivos naquela sala*
4) *2 + 3 = 5* ⇒ *a Lua é o satélite da Terra*
5) *2 + 3 ≠ 5* ⇒ *a Lua é uma estrela*
6) *2 + 3 ≠ 5* ⇒ *a Lua não é uma estrela.*

Nos exemplos 1), 2) e 3) destacam-se os seguintes fatos:

- desconhecem-se de antemão os valores lógicos das proposições envolvidas em cada uma das implicações. Apenas sabe-se que se o antecedente for verdadeiro, o consequente também o será, e se o antecedente for falso, o consequente poderá ser verdadeiro ou falso; portanto, em qualquer caso, o antecedente tem valor igual ou menor que o consequente;
- o consequente é dedutível do antecedente.

Entretanto, pela definição dada, também são verdadeiras as implicações dos exemplos 4), 5) e 6), bastando para isso observar que o valor lógico do antecedente é, em cada caso, igual ou menor que o valor lógico do consequente. Nestes exemplos destacam-se também dois fatos:

- conhecem-se, de antemão, os valores lógicos das proposições envolvidas em cada uma das implicações;
- o consequente não é dedutível do antecedente.

Existem, portanto, dois tipos de implicação:
- a representada por exemplos do tipo 1), 2) e 3), conhecida na lógica simbólica como *implicação formal* e

- a representada por exemplos do tipo 4), 5) e 6), chamada *implicação material.*

Alguns autores, dentre eles Kuratowsky, chamam a implicação formal de *dedução* e a implicação material, simplesmente, *implicação.*

A implicação formal é utilizada tanto na linguagem usual como na linguagem científica e, por isso, nos interessa de perto. Ela será melhor estudada quando for introduzido o *Cálculo Proposicional com Variáveis.*

A implicação material não é utilizada na linguagem usual; entretanto, ela é indispensável para que haja *compatibilidade* no sistema formal que constitui a Lógica Bivalente ou em outras teorias nela baseada. Faz-se uso deste tipo de implicação, por exemplo, na demonstração de que o conjunto vazio é subconjunto de qualquer conjunto, na Parte III deste livro.

Pelo exposto, conclui-se que o conceito de implicação material é mais abrangente que o de implicação formal, dado que este requer maior número de condições que aquele. Em outras palavras, toda implicação formal é material, mas nem toda implicação material é formal.

Negação de uma Implicação

Retorne-se, agora, à definição de implicação

$$(p \Rightarrow q) = (\sim p \vee q)$$

Negando ambos os membros e utilizando, em seguida, as leis de De Morgan e da dupla negação, têm-se:

$$\sim (p \Rightarrow q) = \sim (\sim p \vee q) \quad \text{ou}$$

$$\sim (p \Rightarrow q) = (p \wedge \sim q)$$

Assim, *negar que p* ⇒ *q equivale a afirmar a conjunção de p e ~ q*, ou, em outras palavras, *conserva-se o antecedente e nega-se o consequente.*

EXEMPLOS

1) A negação de
se você comer meu doce então fico com raiva,   é
você come meu doce e eu não fico com raiva.
2) A negação de
se dirigir, não beba   é
eu dirijo e bebo

3) Considere-se, agora, uma frase de estrutura mais complexa como, por exemplo, o verso do poeta Raul de Leoni:

"Se um dia eu fosse teu e fosses minha, o nosso amor conceberia um mundo e do teu ventre nasceriam deuses".

A técnica utilizada para obter a negação de uma proposição formada por várias proposições é:

a) colocar cada sentença envolvida, tipo sujeito-predicado, sob forma simbólica (ou seja, indicando-a por uma letra);
b) reproduzir a proposição original utlizando os símbolos dados a cada uma das sentenças que a compõem;
c) negar a expressão obtida, utilizando as definições e as propriedades da lógica;
d) converter o resultado obtido para a linguagem coloquial.

Ilustrando com o exemplo acima, têm-se, indicando

por *p*, *q*, *r* e *s* as seguintes proposições que compõem o verso do poeta:

p: Um dia eu serei teu
q: (um dia) serás minha
r: o nosso amor conceberá um mundo
s: do teu ventre nascerão deuses.

A frase de Leoni terá, pois, a seguinte forma simbólica:

$$(p \wedge q) \Rightarrow (r \wedge s)$$

Negando esta última expressão, tem-se:

$$\sim [(p \wedge q) \Rightarrow (r \wedge s)] = (p \wedge q) \wedge \sim (r \wedge s) =$$

$$= (p \wedge q) \wedge (\sim r \vee \sim s) = (p \wedge q \wedge \sim r) \vee (p \wedge q \wedge \sim s)$$

Convertendo a expressão obtida para a linguagem usual, obtém-se a negação da proposição dada:

> *"Um dia eu serei teu e serás minha e o nosso amor não conceberá um mundo ou, um dia eu serei teu e serás minha e do teu ventre não nascerão deuses".*

Como se vê, sem os fundamentos da lógica não seria tão fácil negar corretamente a proposição do poeta.

Recíproca, Inversa e Contraposta de uma Implicação

Dada uma implicação, $p \Rightarrow q$, a ela estão associadas três outras: a *recíproca*, a *inversa* e a *contraposta*.

$$p \Rightarrow q \begin{cases} q \Rightarrow p & \text{(a recíproca)} \\ \sim p \Rightarrow \sim q & \text{(a inversa)} \\ \sim q \Rightarrow \sim p & \text{(a contraposta)} \end{cases}$$

A *recíproca* e a *inversa* de uma implicação *não lhe são equivalentes*, enquanto a contraposta, também chamada de *contrapositiva*, o é:

$(p \Rightarrow q) \neq (q \Rightarrow p)$

$(p \Rightarrow q) \neq (\sim p \Rightarrow \sim q)$

$(p \Rightarrow q) = (\sim q \Rightarrow \sim p)$

Assim, a condicional

> *se o gato mia então o gato está vivo*

não é equivalente à sua recíproca

> *se o gato está vivo então o gato mia,*

nem é equivalente à sua inversa

> *se o gato não mia então o gato não está vivo,*

mas é equivalente à sua contraposta

> *se o gato não está vivo então o gato não mia.*

Pode-se demonstrar as afirmações acima, usando *tabelas de verdade*. Prove-se , por exemplo, que uma proposição não é equivalente à sua inversa. Os demais casos ficarão como exercícios para o leitor.

p	q	$\sim p$	$\sim q$	$p \Rightarrow q$	$\sim p \Rightarrow \sim q$
1	1	0	0	1	1
1	0	0	1	0	1
0	0	1	1	1	1
0	1	1	0	1	0

Observando as colunas $p \Rightarrow q$ e $\sim p \Rightarrow \sim q$ constata-se que a equivalência entre elas só ocorre quando as proposições dadas são ambas verdadeiras ou ambas falsas, tendo, portanto, o valor lógico 1. Logo, a expressão que se quer provar não é uma tautologia, por não ser verdadeira, quaisquer que sejam os valores lógicos de p e q.

OBSERVAÇÃO 3. Dada uma implicação, nem sempre é fácil colocar na linguagem cotidiana a sua recíproca ou a sua inversa ou a sua contraposta.

O exemplo a seguir ilustra:

se estiver chovendo não irei ao cinema.

Tal dificuldade poderá ser contornada usando o infinitivo dos verbos das proposições ligadas pelo sinal de implicação e substituindo o *se* e o *então* pela palavra *implica*.

Assim, a implicação dada passa a ter a forma

chover $\Rightarrow$ *não ir ao cinema*

tendo como

- recíproca: *não ir ao cinema implica chover*
- inversa: *não chover implica ir ao cinema*
- contraposta: *ir ao cinema implica não chover*

Vale, ainda, a seguinte propriedade, conhecida como "transitividade da implicação".

Transitividade da Implicação

$$[(a \Rightarrow b) \wedge (b \Rightarrow c)] \Rightarrow (a \Rightarrow c)$$

EXEMPLO

Se o gato mia ele está vivo e se ele está vivo ele

come então *se o gato mia ele come.*

Na demonstração a seguir são utilizadas, a definição de implicação, as leis de De Morgan, as leis de distributividade, a negação de uma implicação, a existência do elemento neutro, e as leis de associatividade. Tem-se:

$[(a \Rightarrow b) \wedge (b \Rightarrow c)] \Rightarrow (a \Rightarrow c)$

$= \sim[(a \Rightarrow b) \wedge (b \Rightarrow c)] \vee (a \Rightarrow c)$

$= [(a \wedge \sim b) \vee (b \wedge \sim c)] \vee (\sim a \vee c)$

$= \{[(a \wedge \sim b) \vee b] \wedge [(a \wedge \sim b) \vee \sim c]\} \vee (\sim a \vee c)$

$= [(a \vee b) \wedge (\sim b \vee b) \wedge (a \vee \sim c) \wedge (\sim b \vee \sim c)] \vee (\sim a \vee c)$

$= [(a \vee b) \vee (\sim a \vee c)] \wedge [(a \vee \sim c) \vee (\sim a \vee c)] \wedge [(\sim b \vee \sim c) \vee (\sim a \vee c)]$

$= (a \vee b \vee \sim a \vee c) \wedge (a \vee \sim c \vee \sim a \vee c) \wedge (\sim b \vee \sim c \vee \sim a \vee c)$

$= (1 \vee b \vee c) \wedge (1) \wedge (\sim b \vee \sim a \vee 1)$

$= 1 \wedge 1 \wedge 1 = 1$

Logo, $[(a \Rightarrow b) \wedge (b \Rightarrow c)] \Rightarrow (a \Rightarrow c)$ é uma tautologia.

Equivalência Material

No início deste texto, fala-se de equivalência entre proposições. Agora o assunto é tratado, utilizando o conceito de implicação.

Dados dois valores lógicos *a* e *b*, suponha-se que se tenha ao mesmo tempo:

$a \Rightarrow b$ e $b \Rightarrow a$

isto é, $a \leq b$ e $b \leq a$, ou seja $a = b$; chega-se, assim à definição anteriormente dada da equivalência material.

Nestas condições, pode-se exprimir o conceito considerado da seguinte maneira:

$(a \Leftrightarrow b) = (a \Rightarrow b) \wedge (b \Rightarrow a)$

Por exemplo, sejam as proposições

a: *eu tenho poder*
b: *eu tenho dinheiro*

e admitam-se verdadeiras ambas as implicações:

eu tenho poder $\Rightarrow$ *eu tenho dinheiro*   e
eu tenho dinheiro $\Rightarrow$ *eu tenho poder*

De acordo com o exposto, a conjunção das duas implicações acima poderá ser expressa por:

eu tenho dinheiro $\Leftrightarrow$ *eu tenho poder*

Da mesma maneira que a implicação, o conceito de equivalência material concorda com o de equivalência usual quando se ignoram os valores lógicos das proposições ligadas pelo sinal $\Leftrightarrow$ que substitui as locuções *se e somente se* ou *quando e somente quando*.

EXEMPLO

ele irá ao cinema se e somente se não chover

exprime a equivalência entre duas proposições, das quais se ignoram os respectivos valores lógicos.

As expressões do tipo a $\Leftrightarrow$ b dizem-se *bicondicionais*.

A equivalência pode também ser interpretada como uma operação definida no conjunto U = {0,1} dos valores lógicos.

Têm-se, com efeito,

$(0 \Leftrightarrow 0) = 1$

$(0 \Leftrightarrow 1) = 0$

$(1 \Leftrightarrow 1) = 1$

$(1 \Leftrightarrow 0) = 0$

A *tabuada da equivalência* está representada pelas Tabelas 2-13 ou 2-14 que evidenciam a comutatividade dessa operação:

$p \Leftrightarrow q$		
p\q	0	1
0	1	0
1	0	1

p	q	$p \Leftrightarrow q$
0	0	1
1	1	1
0	1	0
1	0	0

Tabela 2-13   Tabela 2-14

A equivalência pode ser expressa em termos de operações anteriormente definidas, através de qualquer uma das fórmulas a seguir:

(1) $(a \Leftrightarrow b) = \sim (a \mathbin{\dot{\vee}} b)$ e

(2) $(a \Leftrightarrow b) = (a \wedge b) \vee (\sim a \wedge \sim b)$,

podendo esta última ser traduzida da seguinte maneira: *dizer que duas proposições a e b são equivalentes significa afirmar que ambas são verdadeiras ou ambas falsas* – o que coincide com a definição de equivalência dada inicialmente no Item 2.2.

De fato,

$$(1) \quad (a \Leftrightarrow b) = (a \Rightarrow b) \wedge (b \Rightarrow a)$$
$$= (\sim a \vee b) \wedge (\sim b \vee a)$$
$$= \sim [(a \wedge \sim b) \vee (b \, i \sim a)]$$
$$= \sim (a \mathbin{\dot{\vee}} b).$$

111

(2) $(a \Leftrightarrow b)$ $= (a \Rightarrow b) \wedge (b \Rightarrow a)$

$= (\sim a \vee b) \wedge (\sim b \vee a)$

$= [(\sim a \vee b) \wedge \sim b] \vee [(\sim a \vee b) \wedge a]$

$= [(\sim a \wedge \sim b) \vee (b \wedge \sim b)] \vee [(\sim a \wedge a) \vee (b \wedge a)]$

$= [(\sim a \wedge \sim b) \vee 0] \vee [0 \vee (b \wedge a)]$

$= (a \wedge b) \vee (\sim a \wedge \sim b).$

Negação de uma Equivalência

Considere-se a expressão

$(a \Leftrightarrow b) = \sim (a \mathbin{\dot\vee} b)$

Negando ambos os membros, tem-se:

$\sim (a \Leftrightarrow b) = (a \mathbin{\dot\vee} b) = (a \wedge \sim b) \vee (b \wedge \sim a),$

ou seja, *negar que duas proposições são equivalentes significa afirmar que uma delas é verdadeira e a outra é falsa.*

2.3 Cálculo Proposicional com Variáveis

A introdução de variáveis no cálculo proposicional enriquece sobremaneira o estudo da Lógica, permitindo uma interação maior entre a linguagem usual e a linguagem formal. Mais próximas, torna-se viável a análise estrutural do discurso – uma das finalidades da Lógica.

Para uma melhor abordagem do Cálculo de Proposições com Variáveis, considerem-se os conceitos a seguir.

Variáveis e Constantes

Na linguagem corrente as variáveis podem estar subentendidas.

Por exemplo, a frase

João é professor

é verdadeira ou falsa? Sem maiores esclarecimentos, nada se pode afirmar. Como existem vários indivíduos com o nome *João*, tal palavra não chega a ser uma designação, mas uma *variável*, cujo campo de variação é o conjunto de todos os indivíduos chamados *João*. É como se valesse a equivalência:

João é professor $\Leftrightarrow$ *x é professor*

com x pertencente ao conjunto dos indivíduos que têm o prenome *João*.

Analogamente

Marcos é primo de Guilherme e

Marcos C. Lima é primo de Guilherme B. Lima.

A segunda é uma proposição que compreende duas constantes individuais, enquanto no primeiro exemplo se Marcos e Guilherme não forem pessoas identificadas num determinado contexto, os seus nomes desempenharão o papel de variáveis. Tal fato pode ser simbolicamente expresso por

x é primo de y

com *x* variando no conjunto das pessoas cujo prenome é Marcos e *y* no conjunto das pessoas cujo prenome é Guilherme.

Um nome comum pode também ser uma variável, dependendo do artigo que o precede: *uma abelha* é uma variável cujo campo de variação é a classe das abelhas. Em oposição, na frase

a abelha que caiu na minha sopa,

a abelha, é uma constante designando uma abelha individual determinada pelo contexto. O mesmo acontece quando se utiliza uma designação com a ajuda de um demonstrativo: *esta abelha*, por exemplo.

Também os pronomes pessoais podem desempenhar o papel de variável: se várias pessoas pronunciam ao mesmo tempo a frase *eu amo*, o pronome *eu* desempenha o papel de uma variável que tem como campo de variação o conjunto das pessoas que pronunciaram a referida frase.

De um modo geral, em matemática e em lógica simbólica, utilizam-se símbolos chamados *variáveis* e *cons-*

tantes. Ambos são denotados geralmente por letras (a, b, c,...,x, y, z), ou ainda por letras com índices (x_1, x_2, ... ,x_n); as variáveis desempenham o papel de designações, sem serem propriamente designações; cada variável pode ter como valor qualquer elemento de um conjunto denominado *campo de variação* ou *domínio* dessa variável. Em oposição, as constantes referem-se às designações propriamente ditas, ou seja, aos símbolos ou expressões que têm um único valor: *o designado*.

Por exemplo, a área A de um triângulo de base b e altura h é dada pela fórmula

$$A = \frac{1}{2}b.h$$

As letras b e h são variáveis cujo campo de variação é o conjunto dos números reais positivos, enquanto ½ é uma constante.

A substituição de variáveis por constantes não é feita de modo aleatório.

Dada uma expressão com variáveis, por exemplo,

x é divisor de y ⟺ y é múltiplo de x,

como x figura em mais de um lugar na mesma expressão, só se pode atribuir-lhe de cada vez um mesmo valor em todos os lugares em que esta variável aparece na expressão. Idem para y.

Assim, substituindo x pela constante 5 e y pela constante 20 nos dois lugares onde cada uma dessas variáveis figura, obtém-se a expressão

5 é divisor de 20 ⟺ 20 é múltiplo de 5

É conveniente observar, ainda, que só se deve atribuir

um mesmo valor a variáveis diferentes se elas têm o mesmo campo de variação; no exemplo citado, é válida a equivalência

5 é divisor de 5 ⇔ 5 é múltiplo de 5

Funções Proposicionais

Chama-se *função proposicional* a uma expressão com variáveis, que se transforma em proposição, quando as variáveis são substituídas por constantes.

Exemplificando, *x > 0* é uma função proposicional; ela se torna uma proposição verdadeira quando se substitui x por 1, e uma proposição falsa, quando se substitui x por -1, para ilustrar.

EXEMPLOS

x é químico

x é filho de y

x é sobrinho de y e y é irmão de z etc.,

são funções proposicionais que podem se transformar em proposições verdadeiras ou falsas, quando se substituem as variáveis que nelas figuram por constantes.

De um modo geral, as funções proposicionais na variável x são representadas por $p(x)$, $q(x)$, $r(x)$ etc., (que se lêem: *p* de x, *q* de x, *r* de x etc.)

No caso de funções proposicionais a várias variáveis, $x_1, x_2, \ldots, x_n$, escrevem-se:

$$p(x_1, x_2, \ldots, x_n), \quad q(x_1, x_2, \ldots, x_n) \text{ etc.}$$

116

(que se lêem: p de x_1, x_2, ... , x_n, q de x_1, x_2, ... , x_n).

EXEMPLOS

Supondo que

p (x,y)	signifique então,	x *é sobrinho de* y	
p (z,w)	significará	z *é sobrinho de* w	e
p (r,s)	indicará	r *é sobrinho de* s.	

Entretanto, se a proposição *x é sobrinho de y* for substituída por outra de conteúdo semântico diferente, por exemplo, *x viajou com y*, deve-se também substituir a letra *p* por uma outra qualquer. A mesma letra poderá indicar conteúdos semânticos diferentes se for utilizada em contextos diferentes ou em situações que não causem ambiguidade.

Assim, se

q (x,y)	significa	x *viajou com* y	então,
q (z,w)	significará	z *viajou com* w	e
q (r,s)	indicará	r *viajou com* s.	

Analogamente, para n variáveis: supondo que

$$r (x_1, x_2, ..., x_n) \quad \text{signifique:}$$

x_1 *é irmão de* x_2 *, que é primo de* x_3 *, casado com* x_4 *, ... ,*
e amigo de x_n, então

$$r (z_1, z_2, ..., z_n) \quad \text{significará:}$$

z_1 *é irmão de* z_2 *, que é primo de* z_3 *, casado com* z_4 *, ... , e*
amigo de z_n.

117

Possibilidade e Universalidade

Diz-se que uma função proposicional é *verificada* ou *satisfeita* por um dado valor da variável (ou sistema de valores das variáveis) quando ela se transforma em uma proposição verdadeira ao ser atribuído esse valor à variável (ou a esse sistema de valores das variáveis).

Uma função proposicional diz-se *possível* em um universo U, quando *existe pelo menos um* elemento de U que a satisfaz; caso contrário, diz-se *impossível*.

Por exemplo, no universo

$$U = \{ 0,1,2,3,...\},$$

a função proposicional $x > 0$, é possível em U.

Já a função proposicional $x < 0$ é impossível em U.

Pode ainda acontecer que uma função proposicional seja verificada por todos os valores possíveis da variável (ou sistema de valor das variáveis); neste caso, ela diz-se *universal*.

EXEMPLOS

x *é mortal* é universal no conjunto dos seres humanos.

$x > 0$ é impossível em A = {...-3,-2,-1,0},

é possível em B = {-3,-2,-1,0,1,2,...}, e

é universal em C = {1,2,3,...}.

Como se vê, a aplicação dos atributos *possível, impossível* e *universal* a funções proposicionais depende do universo adotado.

118

Equivalência Formal

Diz-se que duas funções proposicionais são *formalmente equivalentes* quando elas se transformam em proposições equivalentes (isto é, ambas verdadeiras ou ambas falsas) todas as vezes que a variável ou as variáveis são substituídas por constantes, *de igual modo*, em ambas as expressões. (Aqui, a expressão *de igual modo* significa que uma mesma variável só pode tomar, de cada vez, um mesmo valor, em ambas as expressões).

Para indicar que duas funções proposicionais são formalmente equivalentes usa-se, entre elas, os mesmos símbolos empregados para a equivalência material:

$$\Leftrightarrow \quad ou \quad \equiv \quad ou \quad =$$

EXEMPLOS

x é sobrinho de y $\Leftrightarrow$ *x é filho de um irmão ou irmã de y*

x é múltiplo de y $\equiv$ *y é divisor de x*

x é marido de y = *y é mulher de x*

Para indicar que duas funções proposicionais não são formalmente equivalentes são utilizados, entre as mesmas, os já conhecidos símbolos,

$$\not\Leftrightarrow \quad ou \quad \not\equiv \quad ou \quad \neq$$

Operações com Funções Proposicionais

As operações lógicas que anteriormente foram definidas para proposições estendem-se automaticamente a funções proposicionais.

119

Por exemplo, ligando as duas funções proposicionais

x é engenheiro   e

x é químico

pelo sinal v obtém-se uma nova função proposicional,

x é engenheiro   V   *x é químico,*

que é satisfeita por todo indivíduo x que verifique *pelo menos uma* delas. Chama-se à função proposicional assim obtida de *disjunção inclusiva* das duas primeiras.

Ligando as duas funções proposicionais pelo sinal ∧ obtém-se a função proposicional

$$x \text{ é engenheiro } \land x \text{ é químico}$$

que é satisfeita por todos os indivíduos que verificam *simultaneamente* as duas funções proposicionais dadas. À função proposicional assim obtida chama-se *conjunção* das duas primeiras.

Antepondo o sinal ∼ à função proposicional *x é engenheiro* obtém-se

$$\sim x \text{ é engenheiro} \Leftrightarrow x \text{ não é engenheiro}$$

que é chamada *negação* da função proposicional considerada.

OBSERVAÇÃO. Há uma interação entre os conceitos de possibilidade e universalidade e as operações com funções proposicionais:

- duas funções proposicionais dizem-se *compatíveis* quando sua conjunção é uma função proposicional possível. Caso contrário, elas dizem-se *incompatíveis;*

- a conjunção de uma função proposicional impossível com outra qualquer (possível, impossível ou universal) é uma função proposicional impossível;
- a conjunção de uma função proposicional qualquer com outra universal é equivalente à primeira;
- vale também aqui o *princípio da dualidade*: toda função proposicional permanece válida quando se substitui disjunção por conjunção, conjunção por disjunção, impossível por universal e universal por impossível.

Ainda,

- duas funções proposicionais dizem-se *contraditórias* quando uma é a negação da outra; assim, duas funções proposicionais contraditórias são sempre incompatíveis; a recíproca, entretanto, não é verdadeira: *x é casado* e *x é solteiro* são incompatíveis, mas não contraditórias.

Quantificadores

Existem mais duas operações a serem definidas entre funções proposicionais; elas são extremamente importantes, e correspondem às noções de *todo* e de *algum* da lógica aristotélica. Tratam-se dos chamados *quantificadores universal e existencial.*

Quantificador Universal

Considere-se uma função proposicional na variável x, por exemplo, que seja universal em um determinado conjunto. Para exprimir este fato, escreve-se antes da referida função proposicional o símbolo

$$\forall x$$

que se lê: *qualquer que seja x,* ou, *para todo x.*

EXEMPLO

A expressão

$\forall x, x é mortal,$ é lida:

qualquer que seja x, x é mortal, ou seja,

todos são mortais.

Esta é uma proposição verdadeira no universo dos seres vivos.

Entretanto, a expressão

$\forall x, x é professor,$

ou, equivalentemente,

todos são professores,

é uma proposição verdadeira se o universo for o conjunto dos professores, mas falsa se o universo for o conjunto dos seres humanos.

Desse modo, o símbolo $\forall x$ representa uma *operação* ou um *operador*, que transforma toda função proposicional em x em uma proposição que pode ser verdadeira ou falsa conforme o universo considerado. A este operador dá-se o nome de quantificador *universal.*

Quantificador Existencial

Considere-se agora uma função proposicional em x que seja possível em um dado universo. Para indicar este fato, escreve-se, antes desta, o símbolo

$$\exists x$$

que se lê: *existe pelo menos um x tal que.*

EXEMPLO

A expressão

$\exists x, x\ é\ professor$ é lida:

existe pelo menos um indivíduo x tal que x é professor,

ou seja,

alguém é professor.

Esta é uma proposição verdadeira no conjunto dos seres humanos. Entretanto, a expressão

$\exists x, x > 0,$ ou seja,

algum número é maior que 0

é verdadeira se o universo é o conjunto dos números positivos e falsa no conjunto dos número negativos.

O símbolo $\exists x$ representa, pois, um outro *operador*, que transforma toda função proposicional em x em uma proposição verdadeira ou falsa conforme o universo considerado. Este operador é chamado *quantificador existencial* ou *quantificador de existência.*

OBSERVAÇÃO. Considere-se a função proposicional $x + 5 = 8$. Ela é possível no universo $U = \{0, 1, 2, 3\}$ logo, pode-se afirmar que $\exists x, x + 5 = 8$. Como esse valor de x, 3, é único no universo considerado, expressa-se tal fato usando o símbolo

$$\exists!\ x, x + 5 = 8,$$

que se lê: *existe um e somente um x tal que x + 5 = 8*
ou *existe um único número que adicionado a 5 dá 8.*

Algumas Propriedades dos Quantificadores

Os quantificadores, quando combinados com a negação, dão origem a novos operadores de quantificação. Assim, para indicar que uma expressão em x é impossível, basta antepor-lhe o símbolo composto

$$\sim \exists\, x$$

que se lê: *não existe um x tal que.* Analogamente, o símbolo

$$\sim \forall x$$

que se lê: *não é verdade que para todo x,* indicará que a expressão não é universal.

EXEMPLOS

No universo dos seres humanos, as expressões

$\forall x,$ *x é mortal,* $\sim \forall x,$ *x é negociante*

$\exists x,$ *x é professor* $\sim \exists x,$ *x foi ao centro da Terra,*

são proposições que, na linguagem veicular, podem ser expressas respectivamente por

todo ser humano é mortal
nem todo ser humano é negociante

algum ser humano é professor
nenhum ser humano foi ao centro da Terra.

Considere-se agora o universo

$U = \{\, x_1, x_2, x_3, \dots , x_n \,\}$

124

e uma função proposicional $p(x)$, universal em U.

Em outras palavras, vale a equivalência

$\forall x, p(x) = p(x_1) \wedge p(x_2) \wedge p(x_3) \wedge \ldots \wedge p(x_n)$.

Negando ambos os membros tem-se, utilizando as Primeiras Leis de De Morgan demonstradas no Cálculo com Proposições, Teorema T7:

$\sim \forall x, p(x) = \sim p(x_1) \vee \sim p(x_2) \vee \sim p(x_3) \vee \ldots \vee \sim p(x_n)$.

Portanto,

$$\sim \forall x, p(x) = \exists x, \sim p(x).$$

Analogamente, mostra-se que

$$\sim \exists x, p(x) = \forall x, \sim p(x).$$

Ou, usando uma notação simplificada,

$$\sim \forall x = \exists x \sim$$

$$\sim \exists x = \forall x \sim$$

Conclui-se que a negação transforma o quantificador universal no quantificador existencial e vice-versa.

Viu-se que o quantificador universal é expresso em termos da conjunção e o existencial em termos da disjunção. Por este motivo, muitos autores indicam o quantificador universal pelo símbolo $\wedge$ e o existencial pelo símbolo $\vee$.

Mas, pelas Primeiras leis de De Morgan, *a negação da conjunção é a disjunção das negações* e a *negação da disjunção é a conjunção das negações*, fatos esses traduzidos em termos de quantificadores pelas últimas fórmulas anteriores. Por estas razões, elas são conhecidas como *Segundas Leis de De Morgan*. Utilizando os novos símbolos, obtêm-se as seguintes expressões simplificadas para essas segundas leis:

$$\sim\!\vee \;=\; \wedge\!\sim$$
$$\sim\!\wedge \;=\; \vee\!\sim$$

Tal notação põe em realce o princípio da dualidade que permanece válido para toda a teoria da Lógica Formal.

EXEMPLOS

$\sim\!\exists x,\ x$ é advogado $\Leftrightarrow \forall x,\ x$ não é advogado

$\sim\!\forall x,\ x$ é mortal $\Leftrightarrow \exists x,\ x$ não é mortal

OBSERVAÇÃO. As expressões que contêm palavras como *todo, tudo, nenhum, ninguém, algum, alguém* etc., envolvem quantificadores. Para negar tais expressões, recomendam-se:

- colocar a expressão dada sob forma simbólica;
- negar a expressão obtida na forma simbólica, utilizando as propriedades da lógica;
- converter o resultado para a linguagem corrente.

EXEMPLOS

Negar as proposições:

a) *ninguém pode falar a verdade*
b) *alguém confunde a situação*
c) *ninguém pode falar a verdade e alguém confunde a situação*

d) *todo homem é mortal ou algum animal é perigoso.*

Têm-se:

a) *ninguém pode falar a verdade* $\Leftrightarrow \forall x$, p(x), em que

p(x): *x não pode falar a verdade*,
é uma função proposicional na variável x, cujo universo é o conjunto dos seres humanos S, o qual é comumente indicado por:

S = {x | x é ser humano}.

A negação da expressão dada, na sua forma simbólica é:

$$\sim\!\forall x, p(x) \Leftrightarrow \exists x, \sim\!p(x)$$

Traduzindo, agora, a negação para a linguagem veicular, tem-se:

existe pelo menos um ser humano que pode falar a verdade,

ou, o que é o mesmo:

alguém pode falar a verdade.

b) *alguém confunde a situação* $\Leftrightarrow \exists x$, q(x),
em que q(x) : *x confunde a situação,*

é uma função proposicional cuja variável x é a mesma do exemplo anterior, uma vez que o seu universo continua sendo o conjunto dos seres humanos S. Entretanto, utiliza-se uma outra letra, q, para indicar a função proposicional, pois o conteúdo semântico da proposição do exemplo b) difere daquele do exemplo a)

A negação da expressão dada, na sua forma simbólica é:

$$\sim\exists x, q(x) = \forall x, \sim q(x),$$

ou seja,

qualquer que seja o ser humano, ele não confunde a situação,

o que equivale a afirmar:

ninguém confunde a situação.

c) *ninguém pode falar a verdade e alguém confunde a situação.*

Em símbolos:

$$\forall x, p(x) \land \exists x, q(x), \text{ em que}$$

$p(x)$: *x não pode falar a verdade,*

$q(x)$: *x confunde a situação,* x elemento de S.

Usando as leis de De Morgan, vem:

$$\sim [\forall x, p(x) \land \exists x, q(x)]$$

$$= \sim\forall x, p(x) \lor \sim\exists x, q(x)$$

$$= \exists x , \sim p(x) \lor \forall x, \sim q(x).$$

Em linguagem coloquial, a negação do exemplo c) é:

alguém pode falar a verdade ou ninguém confunde a situação.

d) *Todo ser humano é mortal ou algum animal é perigoso*

Neste caso, como os universos dos seres humanos e dos animais não coincidem, utilizam-se letras diferentes para indicá-los, além de variáveis também diferentes:

todo ser humano é mortal ⟺ ∀x, r(x), em que

r(x) = x é mortal,   x elemento de S,
S = { x | x é ser humano } e

algum animal é perigoso ⟺ ∃y, s(y), em que

s(y) = *y é animal* perigoso, y elemento de T,
T = { y | y é animal}

Em símbolos, tem-se:

∼ [∀x, r(x) ∨ ∃y, s(y)] = ∃x, ∼ r(x) ∧ ∀y, ∼ s(y),

ou, em linguagem corrente,

alguém não é mortal e nenhum animal é perigoso.

Quantificação Parcial e Quantificação Múltipla

Os quantificadores podem ser aplicados a funções proposicionais com mais de uma variável.

Antepondo, por exemplo, o símbolo ∃x à expressão

x é avô de y

obtém-se a nova expressão

∃x, x é avô de y.

Esta, que se pode ler

existe pelo menos um indivíduo que é avô de y,

ainda não é uma proposição, uma vez que o seu valor lógico, embora não dependa de x, ainda depende de y. Trata-se, pois de uma função proposicional em y, que também se pode exprimir dizendo *y tem pelo menos um avô*, isto é,

∃x, x é avô de y ⇔ y tem pelo menos um avô,

Como se vê por este exemplo, quando se aplica um quantificador a uma função proposicional com mais de uma variável, obtém-se ainda uma função proposicional na variável ou nas variáveis não quantificadas. É claro que sobre estas se podem efetuar novas quantificações, resultando uma quantificação múltipla que, no caso de atingir todas as variáveis, transforma a função proposicional dada em uma proposição verdadeira ou falsa. As variáveis quantificadas são chamadas *variáves ligadas, aparentes* ou *mudas*. Dizem-se *livres* as variáveis sobre as quais não incidem quantificadores.

De acordo com o exposto, são equivalentes as expressões:

∀y, ∃x, x é avô de y = *toda pessoa tem pelo menos um avô*.

OBSERVAÇÃO. Quantificadores diferentes não são permutáveis: não é indiferente em geral escrever:

∀x, ∃y   ou   ∃y, ∀x,

porque há uma relação de dependência entre cada quantificador e o anterior

EXEMPLOS

1) Nas expressões abaixo
∀x, ∃y, *y é avô de x*   e
∃y, ∀x, *y é avô de x*

a primeira significa que todo ser humano tem pelo menos um avô. A segunda significa que existe um ser humano que é avô de todo mundo.

2) Considerem-se as expressões
há sempre alguém aqui e
há alguém sempre aqui.

Elas poderiam parecer equivalentes para algumas pessoas, mas não o são. De fato,

Indique-se por

p (x,t): *x está aqui no tempo t,*

em que a variável x pertence ao conjunto dos seres humanos e a variável t indica os instantes.

Assim, a primeira proposição é expressa por:

∀t, ∃x, p(x,t) = *a todo instante, existe alguém aqui.*

A segunda proposição fica:

∃x, ∀t, p(x,t) = *existe alguém que, qualquer que seja o instante, está aqui.*

Ao contrário, por não fazer sentido uma dependência entre quantificadores do mesmo tipo, eles são permutáveis; por exemplo, são equivalentes as expressões

∀t, ∀x, p(x,t) = ∀x, ∀t, p(x,t),

o que pode ser traduzido por

131

a todo instante, qualquer pessoa está aqui
= qualquer pessoa a todo instante está aqui.

Por esse motivo, para simplificar a linguagem, usa-se o símbolo ∀x,y (que se lê: *quaisquer que sejam* x e y) em lugar de ∀x, ∀y e ∃x, y (que se lê: *existem* x e y) em lugar de ∃x, ∃y.

Implicação Formal

A implicação formal ocorre entre funções proposicionais.

Diz-se que *uma função proposicional implica formalmente outra* quando todo valor ou sistema de valores que verifica a primeira, também verifica a segunda.

Para ilustrar, liguem-se, por exemplo, as funções proposicionais

x é inglês   e   *x nasceu na Inglaterra,*

pelo símbolo de implicação material,

x é inglês ⟹ *x nasceu na Inglaterra.*

Tal implicação não é universal, uma vez que nem todos os ingleses nasceram na Inglaterra.

Considerem-se agora as duas funções proposicionais

x é baleia   e   *x é mamífero*

em que x pertence ao universo dos seres vivos. Sabe-se que todo indivíduo x que satisfaz a primeira função proposicional também satisfaz a segunda e todo indivíduo que não satisfaz a primeira poderá ou não satisfazer a segunda. Logo, todos os indivíduos do universo considerado tornam verdadeira a implicação material

x é baleia $\Rightarrow x$ é mamífero.

Esta é, pois, uma condição universal, o que se exprime escrevendo

$\forall x, (x$ é baleia $\Rightarrow x$ é mamífero).

Logo, x é baleia $\Rightarrow x$ é mamífero é uma implicação formal.

Para simplificar a escrita, omite-se em geral o quantificador, subentendendo-se que a implicação é verdadeira para todos os elementos do universo considerado.

Analogamente, para

$\forall x,y,z$ (x é filho de $y \wedge y$ é filho de $z \Rightarrow x$ é neto de z),

é uma condição universal em x, y e z.

Como já foi dito anteriormente, são as implicações formais as usadas nas ciências e na linguagem usual.

Valem para as implicações formais as seguintes

OBSERVAÇÕES

1) Quando uma proposição implica formalmente outra, diz-se que a primeira é *condição suficiente* para que se verifique a segunda ou que a segunda é *condição necessária* para que se verifique a primeira. Em outras palavras, dada a implicação

$p \Rightarrow q$,

p é condição suficiente para q e q é condição necessária para p.

Por exemplo, considerem-se as proposições

133

p: *o gato mia*

q: *o gato está vivo*

e a implicação

o gato mia ⟹ *o gato está vivo.*

Assim, *miar* é condição suficiente para *o gato estar vivo* e *estar vivo* é condição necessária para *o gato miar.*

Se as implicações

$$p \Rightarrow q \quad e \quad q \Rightarrow p$$

se verificam simultaneamente, diz-se que *p é condição necessária e suficiente para q* ou vice-versa. Recai-se, assim, no conceito de equivalência anteriormente abordado.

2) De um modo geral, as proposições matemáticas são colocadas sob a forma

$$p \Rightarrow q$$

em que o antecedente *p* é a *hipótese* e o consequente *q* é a *tese.* Tem-se, pois,

hipótese ⟹ *tese.*

3) A implicação formal representa também uma *relação de causalidade*: o antecedente é a *causa* e o consequente é o *efeito*. Ou,

causa ⟹ *efeito.*

4) Têm-se, ainda, as seguintes formas:

p se q	$q \Rightarrow p$
p somente se q	$p \Rightarrow q$
p se e somente se q	$p \Leftrightarrow q$
p a menos que q	$\sim q \Rightarrow p$
uma condição suficiente para p é q	$q \Rightarrow p$
uma condição necessária para p é q	$p \Rightarrow q$
para p é suficiente q	$q \Rightarrow p$
para p é necessário q	$p \Rightarrow q$
p quando e somente quando q	$p \Leftrightarrow q$
p é condição necessária e suficiente para q	$p \Leftrightarrow q$.

5) Em matemática as definições são dadas pelas equivalências:

p se e somente se q   ou

p quando e somente quando q.

Entretanto, por comodidade, muitos autores convencionam substituir o *se e somente se* por apenas *se* ou o *quando e somente quando* por *quando*, desde que esteja bem claro, no contexto, que a expressão considerada é uma definição.

Acrescente-se agora alguma informação sobre *regras de pontuação*:

a) se nenhum parêntese segue o sinal de negação, entende-se que esta atinge somente a proposição que está à sua direita. Por exemplo, em

$$\sim p \vee q$$

apenas a proposição *p* é atingida pela negação, enquanto que em

$$\sim (p \vee q) \wedge r$$

é a disjunção *p v q* que *está* sendo negada.

b) as operações ∨ e ∧ têm frequentemente um alcance mais curto que a implicação (⟹) ou que a equivalência (⟺).

Aceitas estas convenções, a expressão que traduz o verso do poeta Raul de Leoni, já analisado neste texto,

"se um dia eu fosse teu e fosses minha, o nosso amor conceberia um mundo e do teu ventre nasceriam deuses," fica:

$$p \wedge q \Rightarrow r \wedge s,$$

podendo ser interpretada como

$$(p \wedge q) \Rightarrow (r \wedge s).$$

Enfim, utilizam-se parênteses, ou ainda colchetes e chaves, sempre que for necessário para evitar confusões, ou mesmo, para dar maior clareza.

c) Convencionou-se, também, que a negação anteposta a qualquer tipo de quantificador nega, como um todo a expressão quantificada; assim,

$$\sim \forall x, p(x) = \sim (\forall x, p(x)) = \exists x, \sim p(x),$$

valendo o mesmo para as quantificações parciais ou múltiplas.

2.4 Validade da Argumentação

Já foi dito que um dos problemas centrais da lógica é a investigação do processo do raciocínio. Também, já foi vivenciada a notação especial que ela utiliza, sem a qual os significados de proposições – pertencentes ao discurso comum ou a ciências específicas – não podem ser analisados, clarificados e, mais que isso, formulados com precisão. Certamente paga-se um preço para a sua assimilação. Entretanto, o seu poder de resolução é indispensável nas investigações e demonstrações.

Foi visto ainda que, em toda ciência dedutiva, um certo conjunto de proposições é aceito sem demonstração e do qual outras proposições são derivadas por raciocínio lógico.

O objetivo agora é investigar os *processos* que são aceitos como *válidos* na derivação de uma proposição chamada *conclusão* a partir de proposições dadas chamadas *premissas*.

Define-se *argumento* como um processo pelo qual uma *conclusão* é obtida a partir de *premissas* dadas.

Um *argumento é válido* se e somente se a *conjunção das premissas implica a conclusão*. Em outras palavras, o argumento que conduz à conclusão *r*, a partir das premissas p_1, p_2, ... , p_n é válido se e somente se a implicação

$$(P_1 \wedge p_2 \wedge ... \wedge p_n) \Rightarrow r$$

for uma tautologia.

Existem várias maneiras para verificar se um

dado argumento é ou não válido. As mais simples baseiam-se nas chamadas *regras de inferência* ou *regras de derivação* conhecidas desde Aristóteles. As três principais são: a *regra de dedução*, a *transitividade da implicação* e a *regra da contraposição*. Elas são utilizadas também como argumentos parciais em demonstrações mais complexas.

Regra de Dedução (ou Modus Ponens)

É dada sob a forma:

$$p \Rightarrow q \quad \text{(premissa)}$$
$$\frac{p}{q} \quad \begin{array}{l}\text{(premissa)}\\ \text{(conclusão)}\end{array}$$

Lê-se: *se (p⇒q) ∧ p, portanto q.*

O dispositivo acima representa a implicação

$$[(p \Rightarrow q) \wedge p] \Rightarrow q$$

que é uma tautologia, como é fácil comprovar.

EXEMPLO

Considerem-se as proposições:

p: *este caderno está escrito com tinta verde*

q: *este caderno é meu.*

O dispositivo da regra de dedução fica:

$p \Rightarrow q$: *se este caderno está escrito com tinta verde então este caderno é meu*

p : *este caderno está escrito com tinta verde*

q : *este caderno é meu.*

Pela comutatividade da conjunção, a regra de dedução pode aparecer também sob a forma:

$$\frac{\begin{array}{c} p \\ p \Rightarrow q \end{array}}{q}$$

OBSERVAÇÃO: em latim, o verbo *'ponere'* significa *'por'*, *'colocar'*.

Transitividade da Implicação

A regra de inferência conhecida como *transitividade da implicação* aparece sob a forma

$$\frac{\begin{array}{cc} p \Rightarrow q & \text{(premissa)} \\ q \Rightarrow r & \text{(premissa)} \end{array}}{p \Rightarrow r \quad \text{(conclusão)}}$$

(Lê-se: se $(p \Rightarrow q) \wedge (q \Rightarrow r)$, portanto $(p \Rightarrow r)$.

O dispositivo apresentado é a implicação

$$[(p \Rightarrow q) \wedge (q \Rightarrow r)] \Rightarrow (p \Rightarrow r)$$

que é uma tautologia, já demonstrada anteriormente.

EXEMPLO

Considerem-se as proposições:

p: este caderno está escrito com tinta verde

q: este caderno é meu

r: este caderno contém versos de Fernando Pessoa

Tem-se:

$p \Rightarrow q$: *se este caderno está escrito com tinta verde então este caderno é meu*

$q \Rightarrow r$: *se este caderno é meu, ele contém versos de Fernando Pessoa*

$p \Rightarrow r$: *se este caderno está escrito com tinta verde, ele contém versos de Fernando Pessoa.*

Regra da Contraposição (ou *Modus Tollens*)

É dada sob a forma:

$$p \Rightarrow q \quad \text{(premissa)}$$
$$\frac{\sim q}{\sim p} \quad \begin{array}{l}\text{(premissa)}\\\text{(conclusão)}\end{array}$$

(Lê-se: se $(p \Rightarrow q) \wedge \sim q$, portanto $\sim p$).

Como nos casos anteriores, o dispositivo representa a implicação

$$[(p \Rightarrow q) \wedge \sim q] \Rightarrow \sim p$$

que é uma tautologia, como é fácil comprovar.

OBSERVAÇÃO. Em latim, o verbo *'tollere'* significa *'subtrair.'*

EXEMPLO

Sejam as proposições:

   p: a Lua é uma estrela

   q: a Lua tem luz própria

Tem-se:

$p{\Rightarrow}q$: *se a Lua é uma estrela então a Lua tem luz própria*

~q : *a Lua não tem luz própria*

~p : *a Lua não é uma estrela*

Pela comutatividade da conjunção, a regra da contra-posição poderá também aparecer sob a forma

$$\frac{\begin{array}{c} \sim q \\ p \Rightarrow q \end{array}}{\sim p}$$

Para mostrar como essas regras são aplicadas, considere-se o argumento abaixo. O objetivo é verificar se ele é ou não válido, quaisquer que sejam os valores lógicos de p, q e r.

$$[(p \wedge (p \Rightarrow q) \wedge (q \Rightarrow r)] \Rightarrow r.$$

Têm-se:

a)

$$\frac{\begin{array}{ll} p & \text{(premissa)} \\ p \Rightarrow q & \text{(premissa)} \end{array}}{\begin{array}{ll} q & \text{(modus ponens)} \\ q \Rightarrow r & \text{(premissa)} \end{array}}$$
$$\overline{\qquad r \quad \text{(conclusão)}}$$

o que mostra que o argumento é válido.

Indique-se por f esse mesmo argumento,

$$f = [p \wedge (p \Rightarrow q) \wedge (q \Rightarrow r)] \Rightarrow r.$$

Utilizando dois processos bem mais trabalhosos, verifica-se também a sua validade.

b) Fazendo uso de uma demonstração caso a caso, através da tabela de verdade de Peirce, demonstra-se que f é uma tautologia:

p	q	r	$p{\Rightarrow}q$	$q{\Rightarrow}r$	$(p{\Rightarrow}q) \wedge (q{\Rightarrow}r)$	$p{\wedge}(p{\Rightarrow}q) \wedge (q{\Rightarrow}r)$	f
1	1	1	1	1	1	1	1
1	1	0	1	0	0	0	1
1	0	1	0	1	0	0	1
1	0	0	0	1	0	0	1
0	1	1	1	1	1	0	1
0	1	0	1	0	0	0	1
0	0	1	1	1	1	0	1
0	0	0	1	1	1	0	1

c) O outro processo consiste em mostrar que o argumento dado pode ser reduzido ao valor lógico 1, usando os métodos padrões de simplificação; em outras palavras, utilizam-se propriedades da álgebra de Boole das proposições:

f $= [p \wedge (p \Rightarrow q) \wedge (q \Rightarrow r)] \Rightarrow r$

$= [p \wedge ({\sim}p \vee q) \wedge ({\sim} q \vee r)] \Rightarrow r$

$= {\sim} [p \wedge ({\sim} p \vee q) \wedge ({\sim} q \vee r)] \vee r$

$= {\sim} p \vee {\sim} ({\sim} p \vee q) \vee {\sim} ({\sim} q \vee r) \vee r$

$= {\sim} p \vee (p \wedge {\sim} q) \vee (q \wedge {\sim} r) \vee r$

$= [({\sim} p \vee p) \wedge ({\sim} p \vee {\sim} q)] \vee [(q \vee r) \wedge ({\sim} r \vee r)]$

$= [1 \wedge ({\sim} p \vee {\sim} q)] \vee [(q \vee r) \wedge 1]$

$= {\sim} p \vee {\sim} q \vee q \vee r$

$= {\sim} p \vee (q \vee {\sim} q) \vee r$

$= {\sim} p \vee 1 \vee r$

$= \backsim p \vee (1 \vee r)$

$= \backsim p \vee 1$

$= 1$

Como se vê, as regras de inferência aristotélicas podem tornar mais rápidas as demonstrações da validade de um argumento.

OBSERVAÇÃO 1. Os argumentos do tipo:

$$p \Rightarrow q$$
$$\underline{\qquad q \qquad} \quad \text{ou} \quad [(p{\Rightarrow}q) \wedge q] \Rightarrow p$$
$$p$$

não são válidos porque $[(p{\Rightarrow}q) \wedge q]{\Rightarrow}p$ não é uma tautologia, como é fácil demonstrar.

Um exemplo clássico deste tipo de argumento é aquele que leva à não confiabilidade da *prova dos nove*. Tem-se:

conta certa $\Rightarrow$ prova dos nove exata

$$\underline{\qquad\qquad\qquad\qquad \text{prova dos nove exata}}$$

conta certa

Um *argumento não-válido* tem também a designação de *falácia*.

OBSERVAÇÃO 2. A regra da contraposição é bastante utilizada em matemática, nas demonstrações indiretas de teoremas, conhecidas como *demonstrações por absurdo* (ou *reductio ad absurdum*), muito usadas por Aristóteles.

Com efeito, como o antecedente de uma implicação

representa a *hipótese h* e o *cons*equente a *tese t* de um teorema, a regra da contraposição fica:

$$[(h \Rightarrow t) \wedge \sim t] \Rightarrow \sim h \quad ou \quad h \Rightarrow t$$

$$\frac{\sim t}{\sim h}$$

ou seja, se negando a tese, chega-se à negação da hipótese, o teorema está demonstrado.

OBSERVAÇÃO 3. Um argumento é válido ou não-válido independentemente da veracidade ou falsidade da conclusão.

EXEMPLO

a)   argumento válido com conclusão falsa

se o gelo é preto então a neve é azul
o gelo é preto
_____
a neve é azul

b)   argumento não-válido com conclusão verdadeira

se 10 é um número par então a metade de 10 é um
número ímpar
a metade de 10 é um número ímpar
_____
10 é um numero par

OBSERVAÇÃO 4. Vale enfatizar que a lógica simbólica é capaz de detectar quando um argumento é ou não válido, qualquer que seja o conteúdo semântico das proposições que o compõem.

EXEMPLOS

1) Verificar a validade do argumento:

$$p \Rightarrow q$$
$$\frac{r \Rightarrow \sim q}{p \Rightarrow \sim r}$$

Basta usar a contraposta e a lei da transitividade da implicação. De fato, como

$$(r \Rightarrow \sim q) = (q \Rightarrow \sim r), \text{ tem-se:}$$
$$(p \Rightarrow q) \wedge (q \Rightarrow \sim r) \Rightarrow (p \Rightarrow \sim r).$$

2) Mostrar que não é válido o argumento seguinte:

$$\sim q \ \vee \ r$$
$$\sim q \Rightarrow p$$
$$\frac{p}{\sim r}$$

Tem-se, para a primeira premissa:

$$(\sim q \vee r) = (q \Rightarrow r) = (\sim r \Rightarrow \sim q).$$

Fazendo a conjunção desse resultado coma segunda premissa, vem:

$(\sim r \Rightarrow \sim q) \wedge (\sim q \Rightarrow p) \Rightarrow (\sim r \Rightarrow p)$, pela lei da transitividade.

Fazendo a conjunção desse resultado com a terceira

premissa, resulta

$$\sim r \Rightarrow p$$
$$\frac{p}{\sim r}$$

que é um argumento já conhecido como não-válido.

3) Considerem-se as seguintes proposições, relacionadas com o jantar de ontem do governador:

a) se ele come macarrão então ele não come arroz
b) ele come ovos somente se ele come arroz
c) ele não come bifes, a menos que ele coma ovos
d) no jantar de ontem ele comeu macarrão.

É possível chegar à conclusão de que ele comeu bifes
no jantar de ontem?

Indiquem-se por:

p: ele come macarrão
q: ele come arroz
r: ele come ovos
s: ele come bifes

As proposições dadas no exercício assumem a seguinte forma simbólica:

a) $p \Rightarrow \sim q$
b) $r \Rightarrow q$
c) $\sim r \Rightarrow \sim s$
d) p

Têm-se, usando a contraposta e a transitividade da
implicação:

$$p \Rightarrow \sim q \qquad p \Rightarrow \sim r$$
$$\sim q \Rightarrow \sim r \quad e \quad \sim r \Rightarrow \sim s$$
$$\overline{p \Rightarrow \sim r} \qquad \overline{p \Rightarrow \sim s}$$

Ou seja, *se ele come de macarrão então ele não come bifes*. Como, por d) *ele comeu macarrão*, então ele *não comeu bifes* no jantar do governador.

2.5 Lógica e Filosofia da Pós-Modernidade

Um dos papéis da filosofia é extrair um sentido da desordem natural de um conjunto de experiências. Sob esse aspecto pode-se falar de filosofia da arte, da educação, da religião, da própria filosofia. Em particular, uma filosofia da lógica ou da matemática reconstrói, ordena e refina descobertas aparentemente antagônicas. Imagine-se essa massa caótica de conhecimento lógico-matemático que, como uma bola de neve , vem crescendo desde os milesianos até os nossos dias. Além disso, através dos tempos, novas descobertas superam as anteriores, dando lugar a novas teorias que, por sua vez, dão espaço para novos conhecimentos. Sínteses são conseguidas e depois depuradas por processos de avaliação cada vez mais rigorosos.

Com o objetivo de ordenar o conhecimento pré-existente, os lógico-matemáticos da pós-modernidade dividem-se em escolas, conforme o grau de afinidade do pensamento filosófico dos seus componentes.

São aqui sintetizadas apenas as principais filosofias lógico – matemáticas e alguns dos seus recentes avanços. Cada uma tem um grande número de seguidores, com trabalhos produzidos em larga escala.

Logicismo

É uma abordagem à filosofia da matemática que tem como pioneiros Frege (1848-1925), lógico e matemático alemão e Russell (1872-1970), filósofo e lógico inglês.

De acordo com o logicismo, as verdades matemáticas

148

são verdades lógicas, dedutíveis a partir de axiomas ló-gicos. O programa para mostrar isso começa com uma demonstração de Frege de que as verdades elementa-res da noção de contar podem ser formalizadas, usan-do-se unicamente os quantificadores e a identidade, sem mencionar números. Entretanto, o maior feito do logicismo é a obra *Principia Mathematica* (1912) de Russell e Whitehead. Este último também matemático e lógico inglês.

A escola logicista pretende reduzir a matemática à ló-gica: "*a matemática é pensamento postulacional em que de premissas arbitrárias são tiradas conclusões vá-lidas*". Segundo Russell, "*a matemática pura é a classe de todas as proposições da forma p implica q em que p e q são proposições contendo uma ou mais variáveis, as mesmas nas duas proposições, e nem p nem q contêm constantes exceto* constantes lógicas ($\wedge$, $\vee$, $\Rightarrow$, $\Leftrightarrow$, $\sim$, $\exists$, $\forall$, e a relação de identidade)". Essa pretensão de Rus-sell de igualar matemática e lógica não tem aceitação universal entre os matemáticos. Um dos problemas do programa Russell-Whitehead é que a complexidade ne-cessária para evitar paradoxos conduz a tradução da matemática em termos da teoria dos conjuntos, com suas próprias estruturas e axiomas em vez de conduzir a algo reconhecível como *puramente lógico*.

Vale acrescentar que as raízes do logicismo já se en-contravam em Leibniz.

Formalismo

O pensamento formalista, cuja origem está em Kant é liderado pelo matemático alemão Hilbert (1862-1943) que, em vez de pretender a redução da matemática à lógica, amplia o campo de atuação desta, caracterizando-a como um método de obter inferências legítimas, quaisquer que sejam os conteúdos estudados.

Recorde-se que uma *teoria formalizada*, é expressa em símbolos e construída através de termos primitivos, axiomas ou postulados, regras de inferência e teoremas. Um bom exemplo é a álgebra de Boole das proposições, onde os enunciados são sucessões não-interpretadas de símbolos como, por exemplo, na Lei da Transitividade, já demonstrada,

$$[(p \Rightarrow q) \wedge (q \Rightarrow r)] \Rightarrow (q \Rightarrow r)$$

em que p, q e r são proposições quaisquer, desde que satisfaçam aos princípios do terceiro excluído e da não contradição. É conveniente enfatizar que as sucessões não-interpretada de símbolos devem ser *fórmulas bem formadas*, as quais, na teoria lógica, podem ser concebidas como qualquer sucessão de símbolos que pertença ao léxico da teoria. Ilustrando,

$$p \wedge {\sim} \vee q$$

nada significa, logo, não é uma fórmula bem-formada, no sistema lógico considerado. Em outras palavras, as fórmulas bem-formadas devem ter uma sintaxe, mas não necessariamente uma semântica.

O formalismo lógico só é útil para possibilitar a passagem de observações para outras conclusões empíricas, mas não introduz qualquer conteúdo por si mesmo. Essa posição é amplamente encarada como inadequada, para uso dos números nos processos empíricos de contar e medir.

Há que se reconhecer, entretanto, que um alto grau de abstração formal é introduzido na análise matemática, na geometria e na topologia. No começo do século XX, atinge também a álgebra. O resultado é um novo tipo de álgebra, às vezes inadequadamente descrito como *álgebra moderna*, produto em grande parte do segundo terço do século XX: x e y já não representam necessariamente números desconhecidos ou segmentos como na geometria de Descartes; agora podem designar elementos de qualquer tipo – figuras geométricas, matrizes etc.

Hilbert, o maior dos formalistas, tem uma influência excepcional para o progresso da matemática. Já foi dito que no Congresso de Paris de 1900, então professor de Göttingen, ele apresenta uma exposição, na qual propõe vários problemas ainda não resolvidos que, acredita, estão ou devem estar na mira dos matemáticos do século XX. Um desses problemas se refere às preocupações de Hilbert sobre a consistência dos sistemas formalizados. A consistência ocorre quando o conjunto de axiomas utilizado numa teoria não é contraditório. Em outras palavras, é impossível derivar dos axiomas uma proposição juntamente com sua negação, usando as regras de transformação. Até hoje muitos problemas dessa lista não estão resolvidos. Também a matemática se desenvolve em muitas outras direções não previstas em 1900. O fato inegável é que cada problema resolvido lega à posteridade vários problemas novos, o mesmo acontecendo com a busca exaustiva de soluções dos ainda não resolvidos.

O legado de Hilbert, esse lógico-matemático de transição entre os séculos XIX e XX, é muito maior que uma coleção de problemas. Em 1899, um ano antes de sua conferência em Paris, ele publica um livro pequeno, mas famoso, intitulado Grundlagen der Geometrie (Fundamentos da Geometria). Essa obra exerce forte influência sobre a matemática do século XX. A maior parte da matemática, exceto a geometria, consegue base estritamente axiomática. A geometria do século XIX floresce como nunca antes, mas é principalmente nos Grundlagen de Hilbert que um esforço é feito, pela primeira vez, para dar-lhe o caráter puramente formal que têm a álgebra e a análise matemática.

Os Elementos de Euclides têm uma estrutura dedutiva, certamente, mas estão cheios de hipóteses ocultas, definições sem sentido e falhas lógicas.

Hilbert percebe que nem todos os termos em matemática podem ser definidos e por isso começa seu trabalho em geometria com três objetos ditos primitivos – *ponto*, *reta* e *plano* e seis relações não definidas – *estar sobre, estar em, estar entre, ser congruente, ser paralelo* e *ser contínuo*. Em lugar dos cinco axiomas e dos cinco postulados que figuram nos Elementos, Hilbert formula para a sua geometria uma coleção de vinte e um postulados conhecidos como *axiomas de Hilbert*. Embora outros conjuntos de axiomas tenham sido formuladas por outros matemáticos, Hilbert, através dos Grundlagen der Geometrie, é considerado o fundador de uma escola axiomática, imprescidível na formação e na pesquisa da contemporaneidade.

Intuicionismo

Os Grudlagen têm como epígrafe uma frase de Kant: *"Todo conhecimento humano começa com intuições, passa por conceitos e termina com ideias"*. Apesar disso, Hilbert é um anti-kantiano: é inflexível quanto ao fato de que não se devem assumir, para os termos não-definidos na geometria, propriedades que não sejam os axiomas. Enfatiza que o *intuitivo empírico* das antigas concepções geométricas deve ser abandonado; por exemplo, dizer como Euclides: *"um ponto é o que não tem parte"*, ou *"uma reta é comprimento sem largura"*, ou *"um plano é o que tem apenas comprimento e largura"*.

Assim, o tratamento formal da geometria é associado à axiomatização da álgebra e o resultado final é um grau de abstração que supera a tudo do século XIX.

É Brouwer (1881-1966) da Universidade de Amster-dam quem realmente consegue reunir os oponentes do formalismo de Hilbert e do logicismo de Russell. Ele in-siste em que os elementos e axiomas da matemática são mais arbitrários do que parecem. Em sua tese para doutoramento em 1907 e em artigos posteriores, Brouwer ataca os fundamentos lógicos da aritmética e da análise tornando-se conhecido como o fundador de uma nova escola claramente definida, a *escola intuicio-nista*. Segundo Brouwer, a linguagem e a lógica não são pressuposições para a matemática, a qual tem sua ori-gem na *intuição* que torna seus conceitos e inferências imediatamente claros; uma afirmação de que existe um objeto com uma dada propriedade significa que existe um método conhecido que permite que o objeto seja dado ou construído em um número finito de passos. Em particular, ele afirma que o método indireto de prova não é válido. Desde os tempos de Aristóteles, as três leis bascas da lógica são: a) a lei da identidade, A é A; b) a lei da contradição, A não pode ser simultaneamente B e não B; e c) a lei do terceiro excluído (ou tertium non datur), A ou é B ou não B, pois não há outra alternativa. Brouwer nega essa última lei da lógica e recusa aceitar resultados baseados nela. Por exemplo, ele pergunta aos formalistas se é verdadeiro ou falso que a sequência de dígitos 123456789 ocorre em algum lugar na representação decimal de π. Como não existe método conhecido para tomar uma decisão, não se pode aplicar aqui a lei do terceiro excluído e afirmar que a proposição é verdadeira ou falsa.

Em 1918 Hermann Weyl (1885-1955) adere à causa intuicionista, apesar de ter estudado com Hilbert, a quem mais tarde sucede em Göttingen. Também Poincaré e alguns dos seus contemporâneos defendem uma base intuitivo-empírica para a matemática.

Essas concepções quanto à natureza da matemática não devem levar à conclusão de que todo matemático se encontra em um dos três campos, pois mesmo dentro de cada escola há grande diversidade de opinião. Durante a primeira metade do século XX, o conflito foi maior; mas, a partir daí, tem predominado a ideia de que deve-se levar avante o desenvolvimento do assunto, tanto nos fundamentos quanto na superestrutura, sem grandes preocupações com a crença pessoal.

Neo-positivismo

O neo-positivismo, também conhecido como positivismo lógico é um descendente da filosofia de Comte (1798-1857), filósofo e sociólogo francês, considerado o fundador do *positivismo*. Tal doutrina sustenta que a única forma de conhecimento, ou a mais elevada é a descrição de fenômenos sensoriais. Comte afirma que existem três estágios nas formas humanas: *o teológico*, *o metafísico* e *o positivo*. Este último é assim chamado por se limitar ao que é positivamente dado, evitando toda e qualquer especulação. Suas obras deixam transparecer uma crença e um otimismo em relação ao alcance da ciência e de uma sociologia científica. No século XIX, o positivismo associa-se à teoria evolucionista e a tratamentos naturalistas das atividades humanas.

Em 1924, intelectuais austríacos como G. Bergman, Carnap, Feigel, Neurath, Waissemann, entre outros, comandados por Schlick, fundam o chamado *Círculo de Viena*. Seus integrantes, também conhecidos como neopositivistas, defendem o *neo-positivismo lógico*, também chamado *empirismo lógico* e *empirismo científico*. O interesse central desse grupo é a unidade da ciência e o delineamento correto do método científico. A análise da estrutura das teorias e da linguagem científica é a grande preocupação dos positivistas. *O significado de uma proposição é o seu método de verificação*.

Wittgenstein, filósofo austríaco (1889-1951), considerado o mais carismático da filosofia do século XX, não é um membro efetivo do Círculo, apesar de manter um contato próximo com o seu trabalho, reunindo-se regularmente com o grupo de 1927 a 1929. Um grande interesse pela natureza da linguagem e pela maneira como ela expressa o mundo, objeto da sua obra principal *Tractatus* o aproxima do Círculo de Viena, principalmente de Schlick e Waissemann.

O neo-positivismo retrai-se em função de um conjunto de pressões, por partilhar de problemas tradicionais do empirismo radical, ao tentar descrever a base do conhecimento na experiência. Além disso, depende da existência de uma lógica para a ciência. Tais fatos impedem uma formulação rigorosa do princípio da verificação. Com a morte de Schlick em 1936 o grupo dissolve-se.

Consistência e Completude
dos Sistemas Formalizados

As teorias formalizadas estão ligadas a dois problemas: o da completude e o da consistência. Quando axiomas e regras de inferência são suficientes para dar conta de todas as proposições que podem ser formalmente expressas na teoria sob investigação, esta diz-se *completa*. A *consistência* ocorre quando o conjunto de axiomas não é contraditório, isto é, é impossível, usando as regras de transformação, derivar desses axiomas a proposição S juntamente com sua negação ~ S.

Em 1931, o matemático alemão Gödel, com apenas 25 anos, publica um trabalho revolucionário, mostrando *"ser impossível uma teoria matemática formalizada não possuir contradições, permanecendo-se dentro dos seus limites"*. Em outras palavras, há sempre questões para as quais não temos respostas: jamais poderão ser demonstradas como verdadeiras ou falsas, dentro dos limites dessa teoria.

O trabalho de Gödel tem o título: *Sobre as Proposições Indecidíveis dos Principia Mathematica e Sistemas Correlatos*. São *proposições indecidíveis* aquelas que não podem ser demonstradas como verdadeiras ou falsas. *Permanecer dentro dos limites* significa que a demonstração de qualquer proposição da teoria considerada só pode utilizar um conjunto de axiomas, bem como proposições dele derivadas e regras de transformação da lógica previamente determinadas.

Como exemplos de proposições indecidíveis pode-se citar conjecturas que através dos tempos os matemáticos nunca conseguiram resolver. Um exemplo famoso é a conhecida conjectura de Goldbach, formulada em 1742. Ela afirma que *todo número par maior que 4 é a soma de dois número primos.*

Em realidade, Gödel demonstra algo mais: *que os sistemas formalizados são essencialmente incompletos, isto é, dado qualquer conjunto consistente de axiomas, há enunciados verdadeiros que não podem ser derivados desse conjunto.*

Tal demonstração leva matemáticos e lógicos a fazer uma revisão das bases axiomáticas dos sistemas formalizados. Hilbert, o mais preocupado de todos com o assunto, prova inicialmente que se a aritmética é consistente, então a álgebra é consistente e, consequentemente, também o é a geometria. Tal fato se justifica: a aritmética é a base da álgebra e esta, através das coordenadas de Descartes, espelha a geometria. Tudo, entretanto, está a depender de uma prova da consistência da aritmética. Por esse motivo, tais resultados são chamados de *"provas relativas de consistência".* Ao perceber que tais provas não resolvem o problema, Hilbert busca uma prova absoluta de consistência da aritmética. É ai que ele encontra uma série de dificuldades. A primeira delas é que os axiomas da aritmética são interpretados por *modelos* compostos de uma infinidade de elementos. Por exemplo, o axioma *todo número tem um sucessor.* Há necessidade de um número infinito de passos para exaurir o conteúdo de tal axioma.

A conclusão de Hilbert é: para modelos *finitários* é possível provar a consistência através de uma verificação direta e exaustiva de um número limitado de elementos ou de propriedades do sistema formalizado em estudo. Entretanto, para modelos infinitos – os importantes em matemática – não há condições de afirmar que eles contêm contradições. Por esse motivo, Hilbert desiste da prova absoluta através de modelos e faz uma nova tentativa utilizando a *metamatemática*.

A palavra *metamatemática* é criada pelo próprio Hilbert e, para resumir seu significado, diz-se, grosso modo, que os sistemas formais pertencem à matemática, enquanto a descrição e discussão, enfim, a teorização dos mesmos pertence à metamatemática. Assim, é metamatemática afirmar que *o enunciado a+b = b+a é propriedade dos conjuntos numéricos*. Esta última proposição não expressa um fato aritmético ou algébrico e, por isso não pertence à matemática. Pertence, sim, à metamatemática por descrever uma determinada cadeia de signos, como uma propriedade matemática: a comutatividade.

Para provar que a lógica proposicional é um sistema formalizado consistente, Hilbert parte da axiomática considerada por Russell e Whitehead, constituída dos seguintes axiomas:

1) $(p \lor p) \Rightarrow p$
2) $P \Rightarrow (p \lor q)$
3) $(p \lor q) \Rightarrow (q \lor p)$
4) $(p \Rightarrow q) \Rightarrow [(r \lor p) \Rightarrow (r \lor q)]$

Tais axiomas juntamente com as regras de formação e de transformação servem de alicerce para o Cálculo Proposicional dos *Principia Mathematica*.

158

Usando a metamatemática, Hilbert prova que tal sistema de axiomas é consistente, ou seja, é impossível derivar dele um teorema S juntamente com sua negação ~S.

Ele parte do fato de que a proposição

$$p \Rightarrow (\sim p \Rightarrow q)$$

derivada desses axiomas é uma tautologia. De fato, usando a definição de implicação,

$a \Rightarrow b = \sim a \vee b$, tem-se:

$$p \Rightarrow (\sim p \Rightarrow q) = \sim p \vee (\sim p \Rightarrow q) = \sim p \vee (p \vee q)$$
$$= (\sim p \vee p) \vee q = 1 \vee q = 1.$$

A seguir, Hilbert supõe que algum teorema S, bem como sua negação ~ S, são dedutíveis dos quatro axiomas citados. Substituindo *p* por *S* na expressão tautológica considerada, ele obtém: *S* ⇒ *(~S* ⇒ *q)*, qualquer que seja a proposição *q*.

A seguir, ele usa duas vezes consecutivas a regra de transformação modus ponens:

$$\frac{\begin{array}{c} S \Rightarrow (\sim S \Rightarrow q) \\ S \end{array}}{\sim S \Rightarrow q}$$
$$\frac{\sim S}{q}$$

A conclusão à qual Hilbert chega é: *se S e ~S são teoremas dedutíveis dos axiomas, então q é dedutível dos axiomas. Como q tanto pode ser verdadeira como falsa, então toda e qualquer proposição ou fórmula pode ser dedutível dos axiomas.*

Em símbolos, tal afirmação é expressa por

$$S \wedge \sim S \Rightarrow q, \forall q$$

ou, usando a contraposta da implicação acima,

$$\exists q, \sim q \Rightarrow \sim (S \wedge \sim S),$$

ou, na linguagem usual: *se existe pelo menos uma proposição que não é um* teorema, *isto é, derivável dos axiomas, então o sistema é consistente.*

Onde foi utilizada a metamatemática nessa demonstração de Hilbert? Ora, cada axioma goza da propriedade de ser uma tautologia; toda fórmula deles derivada através das regras de transformação também o é. Por outro lado, existe pelo menos uma fórmula $p \Rightarrow q$ que não é uma tautologia. Logo os 4 axiomas que fundamentam o Cálculo Proposicional dos Principia formam um sistema consistente.

Em outras palavras, não se pode derivar do Cálculo Proposicional uma fórmula S e sua negação $\sim$ S.

Gödel, entretanto, foi além de Hilbert, provando que existe pelo menos uma fórmula da aritmética para a qual nenhuma sequência de fórmulas constitui uma prova. É o problema da *indecibilidade.*

Mais que isso, Gödel provou que se a aritmética é consistente ela é incompleta, ou seja, existe um enunciado aritmético verdadeiro que não é formalmente demonstrável dentro dela.

É conveniente observar que tal afirmação não exclui a prova metamatemática da consistência da aritmética; exclui, sim, provas de consistência que não são representáveis dentro do cálculo aritmético. E como não são de caráter finito, ultrapassam os objetivos iniciais de Hilbert. As provas das últimas afirmações não são aqui apresentadas devido à complexidade de suas demonstrações, fugindo, portanto, ao escopo deste livro.

OUTRAS LÓGICAS

Resumindo o que foi visto até aqui, a lógica é a ciência geral da inferência. Na lógica dedutiva – a utilizada pela ciência – a conclusão segue de um conjunto de premissas. Isso a distingue da lógica indutiva, que estuda o modo como as premissas podem sustentar uma conclusão sem, no entanto, a implicar. Na lógica dedutiva, a conclusão não pode ser falsa se as premissas são verdadeiras. Seu objetivo é tornar explícitas as regras através das quais as conclusões podem se realizar e não estudar os processos de raciocínio que as pessoas usam e que podem estar de acordo ou não com essas regras. Por que, no caso da lógica dedutiva a obediência às regras é necessária? A resposta mais trivial é: para não correr o risco de chegar a contradições. Não existe uma resposta tão simples no caso da lógica indutiva, tão frequentemente usada no cotidiano. De fato, a comunicação entre os seres humanos não se faz através dos limites impostos por um *sim* ou por um *não* ou por um *verdadeiro* ou por um *falso* como se existisse um único mundo parado em um determinado instante. Conscientes disto, muitos lógicos experimentam retirar da lógica bivalente, o seu grande fator limitante, *o princípio do terceiro excluído*, o que dá lugar a uma infinidade de outras lógicas.

A seguir, à guisa de informação, uma síntese de algumas delas.

161

Lógica Polivalente

É a que reconhece mais que dois dos valores clássicos de *verdade* e *falsidade*. Valores intermediários podem ser motivados pela existência de *graus* de verdade, para evitar paradoxos lógicos ou para evitar a ideia de que proposições são determinadamente verdadeiras ou falsas. Por exemplo, a frase: *o dia está frio* pode ser considerada uma proposição próxima da verdade ou próxima da falsidade. É um exemplo difuso: a proposição e sua negação apresentam algum tipo de interseção, daí ser possível a existência de até uma infinidade de valores lógicos.

Lógica Modal

Estuda as noções de *necessidade* e *possibilidade*. A teoria dos modelos clássicos para a lógica modal envolve a avaliação de proposições não como verdadeiras ou falsas, mas como verdadeiras ou falsas em mundos possíveis, correspondendo então a necessidade à verdade em todos os mundos, e a possibilidade à verdade em pelo menos um mundo. Assim, numa lógica modal, têm lugar proposições do tipo: *é possível que eu viaje amanhã*, ou, de modo mais geral, *é possível que p seja verdadeira*.

Lógica Temporal

Ela substitui, por exemplo, a rigidez de sentenças do tipo

$$p \Rightarrow q$$

(a proposição p implica a proposição q) por

$$p\,(t) \Rightarrow q\,(t')$$

(a proposição p no instante t implica a proposição q no instante t').

Lógica Paraconsistente

Nessa lógica, teorias inconsistentes quando fundamentadas pelo crivo das lógicas clássicas são agora resgatadas. Nelas, a contradição é utilizada como elemento pertinente.

Lógica Transcendental

É através da reflexão sobre as pontes que ligam o conhecimento sensível ao conhecimento absoluto que Kant (1724-1804), filósofo alemão, fundador da filosofia crítica, observa que a razão humana, a razão que permeia o cotidiano, se depara com as contradições, com as *antinomias*: *eternidade ou criação do mundo, teísmo ou panteísmo, divisibilidade ou indivisibilidade da matéria, livre arbítrio ou determinismo.*

Kant sente que em cada uma delas a razão se choca com duas teses que parecem igualmente necessárias e entre as quais ela não pode escolher. Tais antinomias constituem para Kant a *lógica transcendental*.

Lógica Dialética

A palavra *dialética* é muito usada na contemporaneidade. Ela se refere fundamentalmente ao processo de raciocínio que leva à obtenção da verdade e do conhecimento acerca de qualquer assunto.

Foi visto que através dos tempos surgiram várias concepções de dialética, que vale a pena relembrar.

No método socrático, a dialética é o processo de descoberta da verdade por meio de perguntas feitas com o

163

objetivo de explicar aquilo que já é implicitamente sabido, ou para expor as contradições e as dificuldades da posição adotada por um oponente.

Para Platão, ela representa o movimento real do pensamento, o movimento real das *ideias* as quais se fundamentam umas nas outras em busca da verdade: *é a arte do diálogo*. Nos diálogos platônicos do segundo período, porém, a dialética torna-se a totalidade dos *processos de iluminação*, através dos quais o filósofo é educado para atingir o conhecimento do *Bem Supremo*.

Para Aristóteles, a *dialética* é qualquer inferência racional baseada em premissas prováveis.

Em Kant, a dialética é a forma da *ilusão*, ou seja, o uso indevido da lógica para produzir a ilusão de uma crença sólida, sendo uma das tarefas da filosofia descobrir onde a razão ultrapassa suas fronteiras, produzindo, assim, as ilusões da metafísica transcendental.

Em Hegel (1770-1831), filósofo alemão, a dialética tenta captar a natureza, a vida e o cotidiano como algo essencialmente contraditório e em permanente transformação. Tomando como ponto de partida Kant, Hegel observa que, em vez de quatro, há uma infinidade de antinomias e que a razão viva do concreto não teme, pelo contrário, exige a contradição, que deve ser superada através do movimento de evolução do pensamento. Hegel retoma, dessa maneira, a lógica platônica ao enfatizar que a lógica da razão concreta é essencialmente antinômica, que a contradição não é um fim nem um estado definitivo do pensamento e que a dialética é a arte de identificar e ultrapassar os contrários: *desde que uma ideia é possuída ela exige a ideia contrária e do choque das contrárias nasce a ideia superior que ultra-*

passa as duas. Em outras palavras, as contrárias nascem uma da outra e se absorvem numa ideia superior.

Como ilustração, considere-se o exemplo, talvez o mais simples e o mais citado do pensamento hegeliano: a ideia do *ser*. Desde que se tenta compreender a ideia do *ser* se é transportado à ideia contrária do *não-ser* e vice-versa; ambas necessárias e, entretanto, contraditórias e que seriam ininteligíveis separadamente. A saída desse impasse consiste em conseguir uni-las através de uma ideia superior, a da passagem de uma à outra, a ideia do *vir-a-ser*. Assim, a *tese* (ser) e a *antítese* (não-ser) se ultrapassam na *síntese* (vir-a-ser). Esta, por sua vez gestará a sua contrária, a qual se tornará a tese de uma nova tríade dialética. As sequências dessas tríades, cada uma gerando a outra, reconstrói logicamente a realidade. Deste modo, desde que uma lógica aceita e, até mesmo exige a contradição, não há mais irracional, as leis da razão se confundem com as leis do mundo, a lógica atinge o absoluto, ela tem valor metafísico. Para Hegel *"o que é racional é real e o que é real é racional (...) e por ser a dialética a lei do pensamento é que ela é a lei do mundo"*. Essa identificação remonta a Heráclito: *"a maneira como os processos do mundo se desenrolam espelha o modo como acontecem os processos da razão"*.

Vale observar que a dialética de Hegel foi a inspiradora do chamado *materialismo dialético* – traço filosófico dominante do marxismo. Neste se combinam o *materialismo* (que sustenta que o mundo é inteiramente composto de matéria) com a noção hegeliana de *dialética*, imaginada como força histórica que conduz os acontecimentos para uma resolução progressiva das contradições que caracterizam cada época histórica.

165

Para Marx (1818-1883), fundador do comunismo revolucionário, a dialética não é apenas um método para se chegar à verdade. É uma concepção do homem, da sociedade e da relação homem-mundo.

H. Lefebvre, em seu livro Lógica Formal / Lógica Dialética observa, entretanto, que *"o pensamento dialético não seguiu a marcha ascendente que dele se esperava no final da Segunda Guerra Mundial (...) carente de suporte lógico (...) de regras para o emprego dos conceitos (...) coagulado num discurso dogmático (...) o pensamento dialético hegeliano não mais se distinguia da sofística"*.

Exercícios Propostos

PARTE II

LÓGICA FORMAL

1) Considere os conjuntos:

a) Z de todos os inteiros: Z = {...,-3, -2, -1, 0, 1, 2, 3,...}.

b) R-{0} de todos os números reais com exceção do zero.

A adição, a subtração, a multiplicação e a divisão são operações binárias definidas em Z? E em R-{0}? Justifique as respostas.

2) Considere o conjunto Q dos números racionais:

Q = {a/b, com a e b elementos de Z e b ≠ 0}.

Demonstre que a subtração é uma operação binária definida em Q.

3) Mostre que para cada elemento *a* de uma álgebra

booleana B,

$$a.0 = 0.$$

Indique os axiomas utilizados.

4) Entre as sentenças abaixo, indique as que representam proposições:

a) *a grama é azul*

b) *belas rosas vermelhas!*

c) *todos os homens são mortais*

d) *que horas são?*

e) *2+3 ≠ 5*

f) *6 > 2*

g) *alguém já foi à Lua*

h) *existem canetas verdes*

i) *chove*

5) Considere as proposições anteriores e indique as que são equivalentes.

6) Seja *p* a proposição 'Darwin foi biólogo' e *q* a proposição 'Sócrates foi filósofo'. Escreva as proposições representadas por:

a) $p \wedge q$ c) $p \dot\vee q$ e) $\sim p \vee q$

b) $p \vee q$ d) $\sim p$ f) $\sim p \wedge \sim q$

7) Traduza em símbolos cada uma das seguintes proposições:

a) *ele foi ao cinema e eu irei à praia*

b) *ele não foi ao cinema e eu não irei à praia*

c) *irei ao cinema ou irei à praia*

d) *ou irei ao cinema ou irei à praia*

8) Sejam *p, q,* e *r* proposições tais que: *p* é verdadeira, *q* é falsa e *r* é falsa. Analise se cada uma das proposições a seguir é verdadeira ou falsa:

a) ~ p

b) p ∧ q

c) p ∨̇ q

d) (p ∨ q) ∨ r

e) ~ p ∨ ~ (q ∨ r)

f) ~ p ∨ ~ (q ∧ r)

g) (p ∧ q) ∨ (~ p ∧ ~ q)

h) (p ∧ q) ∧ (q ∨ r)

9) Faça a negação de cada uma das seguintes proposições:

a) *ele foi ao cinema e eu não irei à praia*

b) *canto ou danço*

c) *não gosto de frutas e não gosto de verduras*

d) *irei à praia ou irei ao cinema*

e) *ou ele é médico ou é professor*

10) Usando a tabela de verdade de Peirce, demonstre:

a) *a* ∨ *(b ∧ c) = (a ∨ b) ∧ (a ∨ c)*

b) ~ *(a ∧ b) = (~ a* ∨ *~b)*

c) *(a ⇔ b) = (~ a ⇔ ~ b)*

11) Reconheça a lei da dupla negação nas proposições a seguir:

a) *não muitos homens não se queixam*

b) *motorista, não seja irresponsável*

c) *eu não gostaria de não lhe dizer isto*

d) *não dá para não ler (Folha de São Paulo)*

e) *não dá para não repassar esse aumento para o consumidor*

12) Demonstre que a expressão

$$[p \wedge (p \Rightarrow q)] \Rightarrow q$$

é uma tautologia, sem usar a Tabela de Peirce.

13) Coloque sob forma simbólica as seguintes proposições:

a) *se não chover irei ao cinema*

b) *irei à praia se não chover*

c) *irei à praia se não chover e não for ao cinema*

d) *se não chover irei ao cinema ou irei à praia*

14) Escreva a recíproca, a inversa e a contraposta das proposições do exercício 13).

15) Escreva a negação das proposições do exercício 13).

16) Demonstre, sem usar Tabela de Peirce que:

a) $(a \Leftrightarrow b) = (\sim a \Leftrightarrow \sim b)$

b) *dual de* $(a \Leftrightarrow b) = (a \dot{\vee} b)$

17) Negue as implicações abaixo, citadas por Millôr Fernandes:

a) *"Deixe espaço para uma explicação se a coisa não der certo"*

b) *"Se você quer conseguir um empréstimo é suficiente provar que não precisa"*

c) *"Se não pode convencer, confunda"*

d) *"Se alguma coisa é boa na vida, a moral proíbe ou faz mal ao estômago"*

e) *"Se você não sabe ensinar, então administre"*

f) *"Se você ignora bastante tempo uma necessidade, então ela desaparecerá, e se você insiste bastante tempo em que há uma necessidade, então ela aparecerá".*

18) Crie universos nos quais as funções proposicionais

a) $x > 5$

b) *x é advogado*

sejam *possíveis*, *impossíveis* ou *universais*.

19) As expressões abaixo são formalmente equivalentes. Justifique.

a) *x é irmão de y ⇔ x e y têm os mesmos pais*

b) *x é filho de y e y é filho de z ⇔ x é neto de z*

20) Coloque sob forma simbólica as seguintes expressões:

a) *se ninguém pode falar a verdade, alguém confunde a situação*

b) *todos podem falar a verdade a menos que alguém confunda a situação.*

21) Faça a negação das expressões do exercício 20).

22) Dê a recíproca, a inversa e a contraposta da expressão a) do exercício 20).

23) Identifique os argumentos válidos abaixo e justifique a resposta

a) *se você tem a informação, você dita as regras*

   você tem a informação
   _____
   você dita as regras

b) *se você tem a informação, você dita as regras*

   você dita as regras
   _____
   você tem a informação

c) *se você tem a informação, você dita as regras*

   você não dita as regras
   _____
   você não tem a informação

d)   *se você tem a informação, você dita as regras*

você não tem a informação

você não dita as regras

e)   *se você tem a informação, você tem poder*

se você tem poder, você dita as regras

se você tem a informação, você dita as regras

f)   *se você tem a informação, você tem poder*

se você dita as regras, você tem a informação

se você não tem poder, você não dita as regras

g)   *se você não tem poder, você não tem a informação*

se você dita as regras, você tem a informação

você não dita as regras

você não tem poder

Bibliografia

BOYER, C. B. *História da Matemática*. São Paulo: Edgard Blücher, 1974.

COSTA, N. C. A. da. *Os fundamentos da lógica*. São Paulo: Hucitec/EDUSP, 1980.

EVES, H. *Introdução à história da Matemática*. São Paulo: UNICAMP, 1977.

LIMA, A. C. *Lógica e linguagem*. Salvador: Centro Editorial e Didático da Ufba, 1993.

POPPER, K. R. *A lógica da pesquisa científica*. São Paulo: Edusp, 1980.

171

REICHENBACH, H. *Elementos de lógica simbólica*. New York: Free Press, 1996.

RUSSELL, B. *História do Pensamento Ocidental*. Rio de Janeiro: Ediouro, 2002.

TARSKI. A. *Symbolic logic*. In: The World of Mathematics – vol III. NEW YORK: 1966.

WHITESITT. J. E. *Boolean algebra and its applications*. Reading, Mass. Addison Wesley, 1961.

PARTE III
Aplicações da Lógica Formal

Não há mais ficção para nós, mas o que pudemos calcular; tivemos de fazer ficção primeiramente.

Nietzsche

3.1. Lógica e Metodologia do Ensino e da Pesquisa

Metodologia é o estudo científico dos métodos. A arte de guiar o espírito na investigação da verdade. Em didática é a teoria dos procedimentos de ensino, geral ou particular de cada disciplina.

Interessa aqui a concepção de *método* como um conjunto de meios para alcançar um fim especial: chegar a um conhecimento científico ou comunicá-lo a outros. Ao longo deste livro, foram utilizados alguns deles, que vale a pena recordar.

Na parte I – Antes da Lógica Formal – encontra-se a *maiêutica* que consiste em extrair ideias por meio de perguntas, as quais já existem na mente *grávida* do sujeito, mas precisam ser *partejadas* para se tornarem manifestas. Muito próximo à maiêutica encontra-se o *método socrático*. O mestre não comunica qualquer informação, mas antes coloca uma sequência de perguntas e o aluno ao respondê-las, sempre instigado pelo mestre, acabará por atingir o conhecimento desejado. Depois Platão, após uma convivência de vinte anos com o método socrático, o refina, transformando-o na *arte do diálogo* ou *método dialético*. Aristóteles dá um outro sentido à dialética platônica, buscando referências racionais baseadas em premissas prováveis.

Na parte II – Lógica Formal – foi utilizado o *método axiomático*: de um conjunto de axiomas e de regras de inferência derivam-se as proposições ou teoremas que daí resultam.

A *metodologia* é o estudo geral do método não só nas áreas de investigação do conhecimento, mas também

175

na transmissão dos resultados obtidos. E essa investigação, que deve conduzir à verdade, deve ser feita de modo *logicamente* correto.

Devido aos objetivos deste livro, abordam-se somente os métodos que utilizam a Lógica Formal nas chamadas ciências experimentais e nas ciências exatas.

Nas Ciências Experimentais

Há muito tempo estudiosos tentam definir ciência. Há muito também, eles fazem tentativas para classificar as ciências. Admita-se que *ciência* é um ramo do conhecimento sistematizado como campo de estudo ou de experimentação, observação e classificação de fatos. Estes dizem respeito a um determinado grupo de fenômenos e da formulação geral das leis que os regem. Isso implica a existência de um método para os diversos casos.

Com base nessa conceituação têm-se, por exemplo

- *ciências sociais* – são as ciências da organização e do desenvolvimento da sociedade, como história e geografia;
- *ciências humanas* – englobam campos como sociologia, política, serviço social, psicologia, administração, educação;
- *ciências físicas* – estudam a natureza dos corpos, as leis que os regem, as forças que neles atuam e os fenômenos que deles resultam; são as chamadas *ciências da natureza.*
- *ciências naturais* – tratam dos fenômenos e dos seres que constituem o mundo físico, como biologia, botânica, zoologia, mineralogia;
- *ciências exatas* – admitem somente princípios,

176

consequências e fatos rigorosamente demonstráveis, como matemática e lógica.

Há ainda as *ciências básicas*, a *ciência do ser* (ontologia), a *ciência da computação* e outras mais.

Com o crescimento científico exponencial, a partir do computador, todas estão inexoravelmente interligadas. Tal fato nos diz ser impossível uma classificação razoável das ciências.

Método Indutivo

Os cientistas experimentais, em geral, usam o *método de indução* ou o *método indutivo*: obtêm seus resultados através de experimentações, observações e testes e em seguida *os generalizam*. As experiências devem ser repetidas tantas vezes quantas necessárias. As circunstâncias em que elas são realizadas devem ser semelhantes na medida do possível. Pode acontecer a manifestação de uma certa tendência nos numerosos testes, a qual passa a ser então considerada como a propriedade que o cientista está pesquisando. Foi assim, por exemplo, que se descobriu que a água ferve, quando sua temperatura alcança 100 graus centígrados, no nível do mar.

Por outro lado, outros cientistas fazem suas generalizações sobre determinada investigação, utilizando-se de amostras retiradas do universo da sua pesquisa e aplicando testes estatísticos adequados com ajuda da teoria da probabilidade. Trata-se do método indutivo, certamente, mas com uma abordagem quantitativa, que pode ser coroada com uma interpretação qualitativa.

Os matemáticos, por sua vez, sabem que a demonstração de uma propriedade na sua área não se exaure com um número finito, por maior que seja, de experimentações. Por exemplo, para demonstrar que a representação decimal aproximada 1,4142 (...) de $\sqrt{2}$ não é uma dízima periódica, eles poderiam usar a sua existência e a dos seus descendentes para um cálculo enumerável de decimais. Com certeza não encontrariam a periodicidade de um ou de um conjunto de algarismos, por ser $\sqrt{2}$ um número irracional.

Assim, na matemática, a manifestação de uma tendência, ou partir do particular para o geral, não é suficiente.

Método Dedutivo Indireto

Popper (1902-1994), em seu livro Lógica da Pesquisa (1934), sustenta que o método central da ciência não é o de colocar hipóteses que são corroboradas pelos dados empíricos obtidos em numerosos casos , mas o de propor hipóteses que podem ser refutadas por esses dados: essas hipóteses são então confrontadas com testes e refutações, caso não estejam de acordo com a experiência.

Usando a linguagem da lógica para elucidar a proposta de Popper suponha-se que, numa dada pesquisa, várias hipóteses h_1, h_2, ... , h_n levem a uma condusão t. Se, por algum motivo t não é corroborada, tem-se pelo *modus tollens* (ou redução ao absurdo)

$$h_1 \wedge h_2 \wedge \ldots \wedge h_n \Rightarrow t$$
$$\sim t$$
$$\overline{\sim (h_1 \wedge h_2 \wedge \ldots \wedge h_n) = \sim h_1 \vee \sim h_2 \vee \ldots \vee \sim h_n}$$

178

o que equivale a afirmar que pelo menos umas das hipóteses parciais h_i $i = 1,2,$ ..., n é falsa ou pode contradizer outra. Em resumo, a *não corroboração* da tese, leva ao *falseamento* de pelo menos uma das hipóteses.

Deste modo, conclui Popper, o método científico não é o da indução mecânica – onde se fazem generalizações a partir de dados acumulados – mas a formação de conjecturas ousadas que depois são submetidas a testes rigorosos. Trata-se, pois, de um método de conjecturas e refutações com a ajuda da Lógica Formal.

Acrescenta Popper: *"um cientista não erra ao propor uma conjectura interessante, mas cometeria um erro se apresentasse uma conjectura que não permitisse qualquer refutação, ou se continuasse a sustentá-la perante dados empíricos que a refutem".*

Essa ideia de Popper foi acolhida com entusiasmo por cientistas, mas não pelos filósofos da ciência, os quais continuaram defendendo o método indutivo.

Na Matemática

Se o método de indução não faz sentido na matemática, por que é tão usado o *método de indução matemática?*.

De fato, esse é um método muito utilizado na aritmética, especialmente para demonstrar propriedades pertinentes ao conjunto dos naturais N = {1, 2, 3, ... }. Como a matemática é uma ciência dedutiva, a aritmética também o é. Assim propriedades fundamentais das operações como associatividade, comutatividade, distributividade dentre outras, devem ser demonstradas por métodos dedutivos.

O método de *indução matemática*, também conhecido por *indução completa* ou ainda por *raciocínio por recorrência* é de fato dedutivo. A última notação é a única aceitável, sendo as primeiras impróprias, apesar de bastante usadas.

Indução Matemática

O *raciocínio por recorrência* estabelece que uma propriedade se verifica para todos os números naturais caso ela

I)   se verifique para o número 1;

II) da suposição que ela se verifica para o número n, demonstra-se que

III) ela é válida para n + 1.

Por exemplo, prove-se que adição de números inteiros é associativa, ou seja,

$$a + (b + c) = (a + b) + c \qquad (1)$$

Observe-se antes o significado da operação a + b:

$$a + b = a + 1 + 1 + ... + 1$$

$$(b \text{ vezes})$$

Analogamente,

$$a + (b + 1) = a + 1 + 1 + ... + 1$$

$$(b + 1 \text{ vezes})$$

Logo,

$$a + (b + 1) = (a + b) + 1 \qquad (2)$$

A expressão 2) nos diz que 1) é verdadeira para c = 1.

Suponha-se agora 1) verdadeira para algum valor de c, digamos, c = n, ou seja:

$$(a + b) + n = a + (b + n) \qquad (3)$$

e prove-se agora que ela é válida para c = n + 1.

Em outros termos, deve-se demonstrar que:

$$(a + b) + (n + 1) = a + [b + (n + 1)]$$

De fato, adicione-se a ambos os membros de (3) o número 1:

$$[(a + b) + n] + 1 = [a + (b + n)] + 1 \qquad (4)$$

Aplicando (2) à expressão (4), obtém-se

$$(a + b) + (n + 1) = a + [(b + n) + 1]$$
$$= [a + (b + n)] + 1$$

como queríamos demonstrar.

Assim, admitindo a hipótese da proposição ser verdadeira para n, ela também o é para o seu sucessor n + 1. Em outros termos, provou-se que sendo verdadeira para 1, é verdadeira para 2; sendo verdadeira para 2, é verdadeira para 3 e assim indefinidamente.

Conclui-se, pois, que a chamada *indução matemática* se utiliza de procedimentos dedutivos que usam o princípio de recorrência.

Método Dedutivo Direto

Este método é ilustrado com o exemplo a seguir.

181

Viu-se que o conjunto N = {1,2,3...} dos naturais é infinito, pois por maior que seja o número dado é sempre possível acrescentar mais um: o seu sucessor.

Pretende-se agora provar, que o conjunto Q dos números racionais maiores que zero,

$$Q = \{\frac{a}{b}, a, b \in N\}$$

é infinito, sabendo-se de antemão que um número racional não tem sucessor. Para isso usa-se a regra de dedução, conhecida por *modos ponens* ou *método dedutivo direto*, apresentado na Parte II deste livro:

$$p \Rightarrow q \quad \text{(premissa)}$$
$$\underline{p \qquad} \quad \text{(premissa)}$$
$$q \qquad \text{(conclusão)}$$

Para cumprir tal objetivo, basta dispor o conjunto dos racionais considerado sob a forma a seguir e ordená-lo segundo as setas:

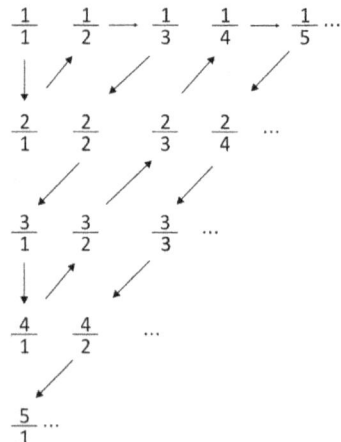

Pode-se então estabelecer a seguinte correspondência 1-a-1 entre N e Q:

$$N \longleftrightarrow Q$$

$$1 \longrightarrow \frac{1}{1}$$

$$2 \longrightarrow \frac{2}{1}$$

$$3 \longrightarrow \frac{1}{2}$$

$$4 \longrightarrow \frac{1}{3}$$

$$\vdots \qquad \vdots$$

Logo, há tantos números racionais maiores que zero quantos são os naturais.

Os matemáticos chamam de *enumeráveis* aos conjuntos finitos ou a aqueles infinitos que podem ser postos em correspondência 1-a-1 com o conjunto N. Tal correspondência é também chamada *biunívoca*.

Agora pode-se aplicar o *modus ponens*, substituindo no seu dispositivo as proposições *p* e *q* por

p   : o conjunto Q pode ser posto em correspondência 1-a-1 com o conjunto N;

q   : Q é enumerável,

ou seja:

p $\Rightarrow$ q : se o conjunto Q pode ser posto em correspondência 1-a-1 com o conjunto N, então Q é enumerável;

p   : o conjunto Q pode ser posto em correspondência 1-a-1 com o conjunto N;

q   : Q é enumerável;

OBSERVAÇÃO. Apesar de o conjunto dos números pares P ser uma parte do conjunto dos naturais N, eles têm o mesmo número de elementos, pois a correspondência, a seguir, é biunívoca:

$$
\begin{array}{ccc}
N & \longleftrightarrow & P \\
1 & \longleftrightarrow & 2 \\
2 & \longleftrightarrow & 4 \\
3 & \longleftrightarrow & 6 \\
\vdots & & \vdots \\
n & \longleftrightarrow & 2n \\
\vdots & & \vdots
\end{array}
$$

Se conjuntos finitos têm o mesmo número de elementos, diz-se que eles têm a mesma *cardinalidade*.

Se conjuntos infinitos têm o mesmo número de elementos, diz-se que eles têm *a mesma potência* ou são *equipotentes*.

Para indicar que N, Q e P são equipotentes usa-se a notação:

$$
\overset{=}{N} = \overset{=}{Q} = \overset{=}{P}
$$

o que pode ser lido: a potência dos naturais é igual à potência dos racionais que é igual à potência dos números pares.

Método Dedutivo Indireto

Também este método será abordado através de um

184

exemplo.

Considere-se o conjunto R dos números reais que é a união dos racionais com os irracionais.

Uma pergunta surge naturalmente: o conjunto R é também enumerável?

Cantor (1829-1920) certa vez afirmou que, se só existissem conjuntos enumeráveis, sua teoria sobre o infinito não faria sentido. Usando o método dedutivo indireto (ou reductio ad absurdum), visto na Parte II,

$$p \Rightarrow q \quad \text{(premissa)}$$
$$\underline{\sim q \quad \text{(premissa)}}$$
$$\sim p \quad \text{(conclusão)}$$

ele mostra, em duas etapas, que o conjunto dos números reais não é enumerável. Na primeira, após identificar o conjunto dos reais com os pontos da reta, ele demonstra que qualquer segmento ou intervalo aberto dessa *reta real*, por exemplo, (0,1), não é enumerável. Para isso, Cantor expressa todos os elementos do segmento (0,1) sob forma decimal infinita. Por exemplo,

$$\frac{1}{6} = 0,1666 \ldots, \quad \frac{1}{2} = 0,4999 \ldots$$

A seguir, ele nega a tese, partindo do pressuposto, de que o referido conjunto é enumerável, ou seja, todos os elementos de (0,1) podem ser ordenados de acordo com a sequência:

$$0, \ a_{11} \ a_{12} \ a_{13} \ldots$$

$$0, \ a_{21} \ a_{22} \ a_{23} \ldots$$

$$0, \ a_{31} \ a_{32} \ a_{33} \ldots$$

$$\ldots\ldots\ldots\ldots\ldots\ldots\ldots\ldots$$

185

Desse modo, é possível estabelecer uma correspondência 1-a-1 com os números naturais:

$$N \longleftrightarrow (0,1)$$

$$1 \longleftrightarrow 0,\ a_{11}\ a_{12}\ a_{13} \ldots$$

$$2 \longleftrightarrow 0,\ a_{21}\ a_{22}\ a_{23} \ldots$$

$$3 \longleftrightarrow 0,\ a_{31}\ a_{32}\ a_{33} \ldots$$

$$\ldots\ldots\ldots\ldots\ldots\ldots\ldots\ldots\ldots\ldots\ldots\ldots$$

Entretanto, existe um elemento b do intervalo (0,1) diferente de qualquer elemento da sequência acima:

$b = 0,\ b_1\ b_2\ b_3 \ldots$ em que

$b_K = 9$ se $a_{kk} = 1$ e

$b_K = 1$ se $a_{kk} \neq 1$

Ilustrando: para k = 1,

$b_1 = 9$ se $a_{11} = 1$ e

$b_1 = 1$ se $a_{11} \neq 1$

para k = 2,

$b_2 = 9$ se $a_{22} = 1$ e

$b_2 = 1$ se $a_{22} \neq 1$ e assim sucessivamente.

Desse modo, fica claro que o elemento b pertence ao intervalo (0,1), mas difere de qualquer elemento da sequência considerada, a qual deveria conter todos os elementos do intervalo (0,1).

Logo, (0,1) não é enumerável.

Posto isto, é fácil mostrar, representando por um se-mi-círculo o segmento correspondente ao intervalo aberto (0,1), que há uma correspondência biunívoca entre este e o conjunto R dos números reais represen-tado pela tangente, conforme figura abaixo.

Uma tal correspondência é:

(0,1) ⟷ R

x ⟷ tgx

ou

Nesta demonstração foi considerado o intervalo (0,1), podendo ser o mesmo substituído por outro intervalo aberto qualquer. Ainda, a necessidade de ser o interva-lo, *aberto,* deve-se ao fato de que a reta real é um con-junto infinito e ilimitado de pontos, denominado *conti-nuum linear.* Por este motivo, a potência de R é também chamada *potência do continuum.*

OBSERVAÇÃO. Aqui foi utilizado o modus tollens, substi-tuindo no seu dispositivo as proposições *p* e *q* por:

P   : o segmento (0,1) é enumerável

q   : o segmento (0,1) pode ser posto em corres-pondência 1-a-1 com o conjunto N

p ⟹*q* : se o segmento (0,1) é enumerável, ele pode ser posto em correspondência 1-a-1 com o conjunto N

~*q*   : o segmento (0,1) não pode ser posto em correspondência 1-a-1 com o conjunto N

~*p*   : o segmento (0,1) não é enumerável.

Logo, o conjunto R não é enumerável.

Provou-se, portanto, que

$$\overset{=}{N} = \overset{=}{Q} \neq \overset{=}{R}$$

Existe um conjunto C, tal que esteja entre e ? Esta é uma conjectura até hoje não resolvida, conhecida como conjectura de Cantor ou *hipótese do contiuum*. É um dos problemas que constam da lista apresentada por Hilbert em 1900 no Congresso de Paris.

OBSERVAÇÃO. A inexauribilidade do processo de contagem é uma abstração matemática, uma vez que a experiência exibe apenas o caráter finito de todas as coisas. Talvez isso justifique a tão duradoura herança da Grécia Antiga de que *a parte é menor que o todo*, advinda do *horror infiniti* – o que muito prejudicou o desenvolvimento da matemática.

Como pensar que o conjunto dos naturais e o dos números pares são ambos enumeráveis, ou fazer corresponder a cada número natural o seu quadrado e vice – versa?

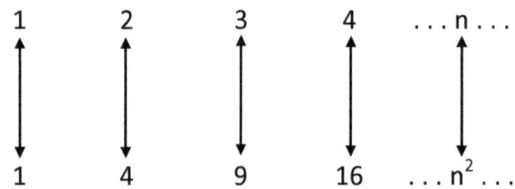

Como pode isso acontecer, diz Galileu (1564 – 1643), se nem todo número é um quadrado? Este questionamento ficou conhecido na história como o *paradoxo de*

Galileu.

Talvez a contemplação de um céu estrelado ou o contato com os grãos de areia levassem religiões muito antigas à afirmação: *"existe um último número, mas não é do domínio do homem alcançá-lo, pois pertence aos deuses"*.

Foram usados, de propósito, neste item, exemplos que envolvem a *infinitude* dos conjuntos numéricos que fazem parte do nosso cotidiano.

A intenção foi informar que existem tipos diferentes de infinito, através de demonstrações que exemplificam a indução matemática e os métodos dedutivos direto e indireto – ferramentas utilizadas por lógicos e matemáticos não só na pesquisa mas também no ensino.

3.2 Lógica e Linguagem

> *O mundo começa a tremer no mesmo instante em*
> *que a conversação que o sustenta começa a vacilar*
> Peter Berger
> *Os limites da minha linguagem*
> *denotam os limites do meu mundo*
> Wittgenstein

A Parte II está permeada de exemplos que utilizam a linguagem do cotidiano. Eles são utilizados para tornar o processo de formalização mais intuitivo e, portanto, mais próximo do leitor. Com esses exemplos, procura-se mostrar a necessidade de conhecimento da Lógica Formal a qualquer pessoa que queira penetrar nos aspectos estruturais da linguagem, principal objeto de estudo da linguística do século XX.

Os gramáticos transformacionais liderados por Chomsky, linguista norte-americano, criaram um modelo formal para desenvolver os padrões regulares da linguagem. Eles reconhecem que abordar os sistemas de línguas naturais por meio do estudo direto do conjunto infinito e complexo de expressões é impossível. Escolhem, então, estudar não as expressões em si – o seu conteúdo semântico – mas as regras para a formação destas expressões: a sintaxe. Esses gramáticos, observando a Lógica Formal, descobrem que o seu universo é um conjunto infinito de proposições, que é subconjunto do universo formado por todas as proposições que constituem uma língua; que mesmo sem se preocupar com a semântica, a Lógica Formal é capaz de detectar quando uma argumentação é ou não válida. Por esses motivos não é difícil encontrar semelhança entre uma gramática gerativa de uma língua natural e a teoria formalizada da Lógica.

Nas Representações Linguísticas do Cotidiano

A nossa linguagem coloquial está permeada de generalizações, eliminações e distorções sob as mais variadas formas como: palavras sem índice referencial, frases sem integralidade, ambiguidades, sinonímias, pressuposições, falácias etc. Por exemplo

- a negação de proposições com estrutura mais complicada, contendo quantificadores e implicações induz a erros linguísticos grosseiros;
- a distinção, na linguagem do cotidiano, entre uma condição necessária e uma suficiente é, às vezes, embaraçosa;
- falácias ou argumentações não-válidas são também muito frequentes.

Na impossibilidade de exaurir todos os casos, este livro restringe-se à análise de alguns exemplos, à guisa de ilustração, de como a Lógica Formal pode servir de grande ajuda na elucidação de algumas distorções.

Generalizações

A generalização consiste em um comentário que abrange todos os elementos de um determinado universo. Contém apenas quantificadores universais. Há casos em que a generalização não expressa uma proposição verdadeira e é importante saber negá-la.

EXEMPLO. Todos os professores da sua Universidade

191

estão falando mal de você.

Trata-se de uma expressão sem índice referencial.

Sua negação é expressa por:

~ (∀x, x está falando mal de você) = ∃x, x não está falando mal de você, em que x pertence ao conjunto de professores da Universidade considerada.

Em palavras, existe pelo menos uma pessoa, na sua Universidade, que não esta falando mal de você. Para provar tal afirmação, basta citar o nome dessa pessoa.

Falácias

É qualquer erro de raciocínio, em geral fruto de desconhecimento das regras em que se baseia uma argumentação válida.

EXEMPLO.   A prova dos nove já citada e analisada.

OBSERVAÇÃO. Muitos outros exemplos de aplicação da Lógica Formal à linguagem coloquial encontram-se na Parte II.

Na Matemática

Deve-se a grande síntese do pensamento matemático à linguagem da Teoria dos Conjuntos. Seu grande criador é Cantor (1845-1918), matemático alemão. Inclusive, a sua demonstração de que o conjunto R dos números reais é não-enumerável ampliou muito o conhecimento matemático ao abrir caminho para os chamados *números transfinitos* – os quais representam vários tipos de cardinalidade de conjuntos infinitos.

Linguagem dos Conjuntos

O objetivo deste item é duplo:

- apresentar uma aplicação da Lógica Formal a um tipo de linguagem que não mais é a veicular, mas a utilizada pela matemática: *a Teoria dos Conjuntos*.
- mostrar como a apropriação da linguagem da Lógica Formal pela matemática possibilitou, no século XX a síntese desta ciência.

Começa-se este item com notações, seguidas de definições. Posteriormente, operações e suas propriedades, com o objetivo de mostrar a álgebra booleana da Teoria dos Conjuntos.

NOTAÇÕES

Seja E um conjunto ou coleção de objetos a, b, c, ... denominados *elementos de E.*

Indique-se o fato de que *um elemento a está em E* escrevendo

$$a \in E \qquad (1)$$

A negação de $a \in E$ é indicada por

$$a \notin E \qquad (2)$$

Esta relação básica entre um elemento e um conjunto é chamada *relação de pertinência.* Assim, as expressões (1) e (2) são lidas *a pertence a E* e *a não pertence a E*, respectivamente.

Um conjunto *E* fica definido quando é possível afirmar se um objeto x é ou não elemento de *E*.

EXEMPLO. Seja E o conjunto das proposições verdadei-

193

ras. Tal conjunto está bem definido: $x \in E$ se x for uma proposição e, mais que isso, uma proposição verdadeira.

Se E for o conjunto cujos elementos são a, b, c, por exemplo, escreve-se:

$$E = \{a, b, c\}$$

Entretanto, só raramente os conjuntos são indicados especificando-se os seus elementos um a um. Usa-se, em geral, definir um conjunto E através de uma função proposicional $p(x)$ que caracterize um seu elemento genérico x. Escreve-se então

$$E = \{x \mid p(x)\}, \qquad (3)$$

e se lê: E é o conjunto dos elementos x que satisfazem à função proposicional $p(x)$.

Como toda teoria tem um universo, há necessidade de figurar na expressão acima, o universo U do discurso considerado. Nestas condições, a expressão (3) fica:

$$E = \{x \in U \mid p(x)\}$$

EXEMPLO. Sejam U o conjunto N dos números naturais,

$$N = \{1, 2, 3 \ldots\}$$

e $p(x)$ a função proposicional x *é impar*; tem-se:

$$E = \{x \in N \mid x \text{ é impar}\},$$

ou seja,

$$E = \{1, 3, 5, \ldots\}$$

Se nenhum elemento pertencente a U satisfaz à função proposicional $p(x)$, o conjunto

$$E = \{x \in U \mid p(x)\}$$

não tem elemento. Neste caso, diz-se que E é um conjunto sem elementos, ou que E é um *conjunto vazio*; indica-se tal fato por

$$E = \emptyset$$

EXEMPLO

$$E = \{x \in N \mid x < 0\}$$

Usando a linguagem da Lógica pode-se, então, definir o conjunto vazio da seguinte maneira:

$$\forall x, x \notin \emptyset.$$

Dados os conjuntos A e B diz-se que A está *incluído* em B, ou que A é *subconjunto* de B, ou ainda, que A *está contido em* B se todo elemento de A for elemento de B.

Tal fato é indicado por

$$A \subset B$$

e é expresso, em símbolos, da seguinte forma:

$$\forall x, x \in A \Rightarrow x \in B$$

A relação $A \subset B$ é chamada *relação de inclusão*. Diz-se ainda que A *é a parte de* B, ou que B *contém* A.

EXEMPLO

Se P for o conjunto dos números pares, N o conjunto dos naturais e Z o conjunto dos inteiros relativos, têm-se:

$$P \subset N \quad e \quad N \subset Z$$

ou, abreviadamente,

$$P \subset N \subset Z$$

OBSERVAÇÕES

1) Quando se indica que

$$A \subset B$$

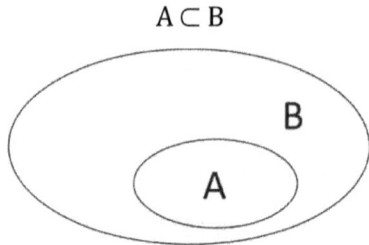

Figura 1

não está excluída a possibilidade de A coincidir com B, o que é também indicado por $A \subseteq B$. A Figura 1 é conhecida por *diagrama de Venn* da inclusão.

No caso em que $A \subset B$ e A não coincide com B, como ilustra a Figura 1, diz-se que *A é subconjunto próprio ou parte própria de B*, fato esse indicado por $A \subsetneqq B$.

2) $x \in A \Rightarrow \{ x \} \subset A$

3) A negação de $A \subset B$ é indicada por

$$A \not\subset B,$$

e

$$A \not\subset B \Leftrightarrow \exists x, x \in A \wedge x \notin B$$

4) Qualquer que seja o conjunto A,

$$\emptyset \subset A$$

A demonstração de tal fato utiliza o conceito de implicação material: com efeito, por definição de inclusão de um conjunto em outro, tem-se que

$$(\emptyset \subset A) \Leftrightarrow (\forall x, x \in \emptyset \Rightarrow x \in A)$$

196

Como o antecedente da implicação é falso, ela é verdadeira, qualquer que seja o valor lógico do consequente, ou seja, qualquer que seja o conjunto A.

Dados dois conjuntos A e B, diz-se que *A é igual* a B (o que se indica por A = B) se A ⊂ B e B ⊂ A, ou em símbolos:

$$(A = B) \Leftrightarrow (\forall x, x \in A \Rightarrow x \in B) \wedge (\forall x, x \in B \Rightarrow x \in A)$$

Em outros termos, A = B se todo elemento de A é elemento de B e todo elemento de B é elemento de A, ou seja, se A e B têm os mesmos elementos.

A negação de A = B é indicada por A ≠ B, que se lê: o conjunto A é *diferente* do conjunto B.

Assim,

$$(A \neq B) \Leftrightarrow (\exists x, x \in A \wedge x \notin B) \vee (\exists x, x \in B \wedge x \notin A)$$

Dado um conjunto X indica-se por $\mathcal{P}(X)$ o conjunto cujos elementos são os subconjuntos ou partes de X.

De outra maneira,

$$A \in \mathcal{P}(x) \Leftrightarrow A \subset X$$

EXEMPLO

Seja X = {a, b, c}. Então

$$\mathcal{P}(X) = \{\emptyset, \{a\}, \{b\}, \{c\}, \{a,b\}, \{a,c\}, \{b,c\}, X\}$$

Operações Com Conjuntos

À semelhança do que foi feito com proposições, definem-se agora operações entre conjuntos. Apresentam-se, a seguir, três operações: união, interseção e diferença entre conjuntos. Para isso, considerem-se um conjunto arbitrário S como universo da teoria e A e B subconjuntos quaisquer de S.

OBSERVAÇÃO. As operações com conjuntos podem ser ilustradas por dispositivos conhecidos como *diagramas de Venn* (1834-1923), lógico inglês, que os utilizou num artigo sobre o sistema lógico de Boole. Eles têm o objetivo de tornar mais clara, portanto, mais intuitiva, a definição de cada operação não podendo serem usados, entretanto, nos processos de demonstração.

União

Chama-se *união* dos conjuntos A e B ao conjunto A ∪ B (que se lê: união de A e B), definido por:

$$A \cup B = \{x \in S \mid x \in A \ \vee \ x \in B\}$$

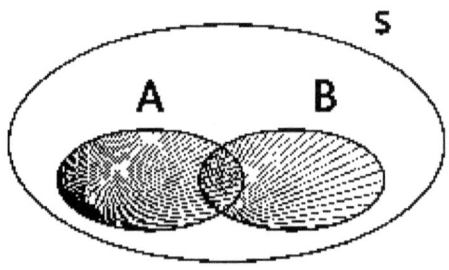

Figura 2

Diagrama de Venn da operação *união*.

Na Figura 2, A ∪ B corresponde à parte sombreada. Quaisquer que sejam os conjuntos A e B têm-se:

$$A \subset A \cup B \quad e \quad B \subset A \cup B$$

Além disso, afirmar que x $\notin$ A $\cup$ B significa:

$$x \notin A \cup B \Leftrightarrow \sim(x \in A \div V\ x \in B) \Leftrightarrow x \notin A \land x \notin B$$

EXEMPLO

Sejam: S = o conjunto das letras do nosso alfabeto

A = {a, b, c, d, e}   e

B = {a, e, i, o , u},   então

A $\cup$ B = {a, b, c, d, e, i, o, u}

Interseção

Chama-se *interseção* dos conjuntos A e B ao conjunto A $\cap$ B (que se lê: *interseção* de A e B), definido por

$$A \cap B = \{x \in S \mid x \in A \land x \in B\}$$

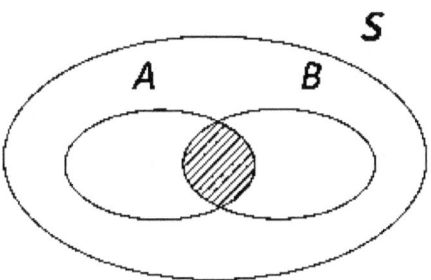

Figura 3

Diagrama Venn da operação *interseção*

A $\cap$ B corresponde à parte sombreada na Figura 3.

Tem-se, portanto:

$$x \notin A \cap B \Leftrightarrow \sim(x \in A \land x \in B) \Leftrightarrow x \notin A \lor \notin B$$

199

Se não existe um x ∈ S tal que x ∈ A ∧ x ∈ B diz-se que A e B são *conjuntos disjuntos*, ou que

$$A \cap B = \emptyset$$

Quaisquer que sejam os conjuntos A e B valem as relações:

$$A \cap B \subset A \quad e \quad A \cap B \subset B$$

EXEMPLO

Considerando os dados do exercício anterior tem-se:

A ∩ B = {a, e}   e se

C = {b, c, d}, então

B ∩ C = ∅

isto é, B e C são disjuntos.

Diferença

Chama-se diferença entre os conjuntos A e B ao conjunto A – B (que se lê: diferença entre A e B), definido por

$$A - B = \{x \in S \mid x \in A \land x \notin B\}$$

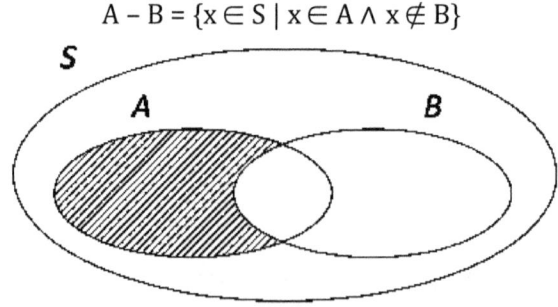

Figura 4

Diagrama de Venn da operação *diferença*

A parte sombreada na Figura 4 representa a diferença

entre A e B.

Ainda,

$$x \notin A - B \Leftrightarrow x \notin A \lor x \in B$$

EXEMPLO

Considerando ainda os conjuntos S, A e B dos exemplos anteriores, tem-se:

$$A - B = \{b, c, d\}$$

Se $A \cap B = \emptyset$, então nenhum elemento de A pertence a B portanto,

$$A - B = A$$

Se $B \subset A$, a diferença $A - B$ é chamada *complementar de B em relação a A*, o que é indicado por

$$C_A B = \{x \in S \mid x \in A \land x \notin B\}$$

Tal particular operação é chamada *complementação*.

O complementar de B em relação a A está ilustrado na Figura 5, pelo seu diagrama de Venn.

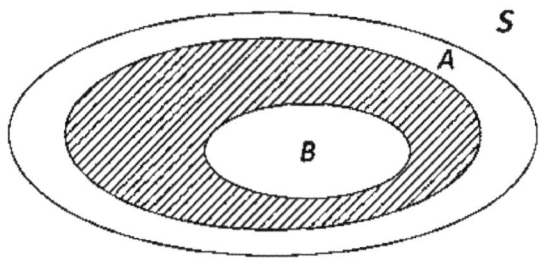

Figura 5

Considerando apenas o conjunto A e o universo S, a

diferença S – A é simplesmente chamada *complementar de A* ou *complementação* de A e indicada por $\complement$ A. É representada pelo seu diagrama de Venn na Figura 6.

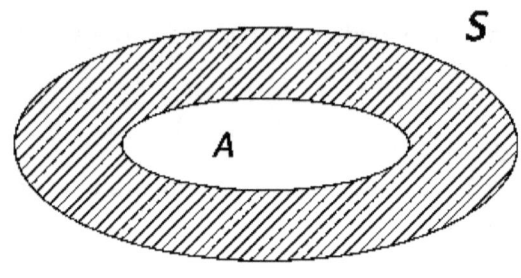

Figura 6

O complementar de A é indicado por

$$\complement A = \{x \in S \mid x \notin A\}$$

Vale enfatizar que

$$x \in \complement A \Leftrightarrow x \notin A$$

EXEMPLO

Se S representa o nosso alfabeto e

A = {x $\in$ S | x é vogal},

então

$$\complement A = \{x \in S \mid x \text{ é consoante}\}$$

Álgebra de Boole dos Conjuntos

Mostre-se agora que o universo S munido das operações de *união* e *interseção* é uma *álgebra de Boole*.

Para isto é suficiente provar que os axiomas A1, A2, A3 e A4 a seguir – utilizados por Huntington para demonstrar que o conjunto das proposições é uma álgebra booleana – são válidos, quaisquer que sejam os subconjuntos A, B e C de S. Têm-se:

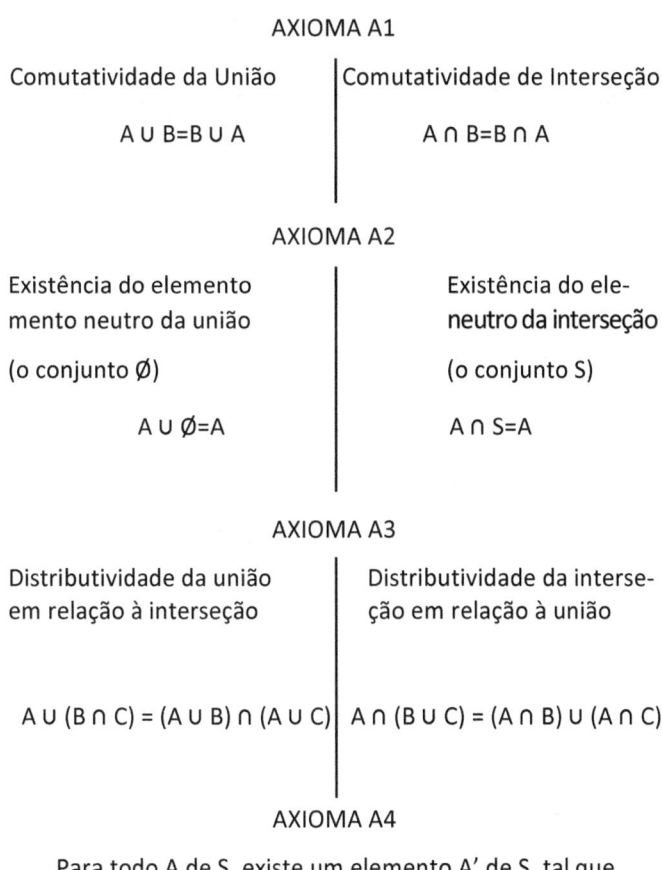

AXIOMA A1

Comutatividade da União	Comutatividade de Interseção
A ∪ B=B ∪ A	A ∩ B=B ∩ A

AXIOMA A2

Existência do elemento mento neutro da união	Existência do ele-neutro da interseção
(o conjunto Ø)	(o conjunto S)
A ∪ Ø=A	A ∩ S=A

AXIOMA A3

Distributividade da união em relação à interseção	Distributividade da interseção em relação à união
A ∪ (B ∩ C) = (A ∪ B) ∩ (A ∪ C)	A ∩ (B ∪ C) = (A ∩ B) ∪ (A ∩ C)

AXIOMA A4

Para todo A de S, existe um elemento A' de S, tal que

$$A ∪ A' = S \quad e \quad A ∩ A' = Ø$$

DEMONSTRAÇÃO DO AXIOMA A1

De fato, a união e a interseção entre conjuntos são definidas em termos da disjunção e da conjunção, respectivamente, que são operações comutativas.

DEMONSTRAÇÃO DO AXIOMA A2

$$A \cup \emptyset = A \quad e \quad A \cap S = A$$

Ora, $x \in (A \cup \emptyset) = x \in A \lor x \in \emptyset = x \in A$, uma vez que $x \in \emptyset$ é uma proposição falsa, tendo, portanto, valor lógico 0 – elemento neutro da disjunção.

De modo análogo

$$x \in (A \cap S) = x \in A \land x \in S = x \in A$$

uma vez que A é subconjunto de S.

DEMONSTRAÇÃO DO AXIOMA A3

$$A \cup (B \cap C) = (A \cup B) \cap (A \cup C) \quad e$$
$$A \cap (B \cup C) = (A \cap B) \cup (A \cap C)$$

Com efeito,

$$x \in A \cup (B \cap C) = x \in A \lor x \in (B \cap C)$$

$$= x \in A \lor (x \in B \land x \in C)$$

$$= (x \in A \lor x \in B) \land (x \in A \lor x \in C)$$

$$= x \in (A \cup B) \land x \in (A \cup C)$$

$$= x \in (A \cup B) \cap (A \cup C)$$

De modo análogo demonstra-se a distributividade da interseção em relação à união.

DEMONSTRAÇÃO DO AXIOMA A4

Afirma-se que A' = CA,   ou seja   A ∪ CA = S   e

$$A \cap CA = \emptyset$$

Têm-se:

$$x \in A \cup CA = x \in A \lor x \in CA = x \in S$$

$$e \quad x \in A \cap CA = x \in A \land x \notin A = x \in \emptyset$$

Prova-se assim que S é uma álgebra de Boole. Consequentemente, são válidos os teoremas a seguir, quaisquer que sejam os subconjuntos A, B e C de S, além de muitas outras propriedades deles derivadas.

TEOREMA T1 (Lei da Dualidade)

Toda proposição dedutível dos axiomas da álgebra booleana dos conjuntos permanece válida se as operações ∪ e ∩ e os elementos identidade ∅ e S são intercambiados.

TEOREMA T2 (Lei da Idempotência)

Para todo subconjunto A de S,

$$A \cup A = A \quad e \quad A \cap A = A$$

TEOREMA T3 (Existência de um Elemento Absorvente)

Para todo subconjunto A de S

$$A \cup S = S \quad e \quad A \cap \emptyset = \emptyset$$

TEOREMA T4 (Lei da Associatividade)

Quaisquer que sejam os subconjuntos A, B e C de S,

$$A \cup (B \cup C) = (A \cup B) \cup C \quad e$$
$$A \cap (B \cap C) = (A \cap B) \cap C$$

TEOREMA T5 (Unicidade da Complementação)

O subconjunto CA associado ao subconjunto A da álgebra booleana S é único. Em outras palavras somente CA satisfaz às condições do axioma A4:

$$A \cup C A = S \quad e \quad A \cap C A = \emptyset$$

TEOREMA T6 (Lei da Dupla Complementação)

Para todo subconjunto A em uma álgebra booleana S

$$CC A = A$$

TEOREMA T7

Na álgebra booleana dos conjuntos

$$C \emptyset = S \quad e \quad C S = \emptyset$$

TEOREMA T8 (Segundas Leis de De Morgan)

$$C (A \cup B) = C A \cap C B \quad e \quad C (A \cap B) = C A \cup C B$$

O TEOREMA T8 mostra que o complementar transforma a união em interseção e a interseção em união. Ele correspondem às Primeiras Leis de De Morgan demonstradas na álgebra booleana das proposições.

OBSERVAÇÃO 1

Pelo exposto, fica evidenciada a analogia existente entre:

- a disjunção de proposições (ou *adição lógica*) e a união entre conjuntos;
- a conjunção entre proposições (ou *multiplicação lógica*) e a interseção entre conjuntos;
- a negação de uma proposição e a complementação de um conjunto.

Por esse motivo, pode-se substituir a notação clássica, por uma mais simplificada:

$A \cup B$ por $A + B$

$A \cap B$ por $A.B$ ou AB

$\complement A$ por A'

OBSERVAÇÃO 2

A linguagem dos conjuntos é também um coadjuvante na decisão da validade de um argumento. Para ilustrar tal fato, verifique-se se é ou não válida a seguinte argumentação:

existem animais marinhos mamíferos

todo animal marinho mamífero é vertebrado

nenhum peixe é mamífero

alguns animais marinhos vertebrados não são peixes.

Recorde-se o fato de que conclusão verdadeira não implica argumento válido. Daí a necessidade de uma demonstração:

A hipótese h do argumento considerado é a conjunção das premissas h_1, h_2, h_3, em que:

h_1: *existem animais marinhos mamíferos*

h_2: *todo animal marinho mamífero é vertebrado*

h_3: *nenhum peixe é mamífero*

A tese é:

t: *alguns animais marinhos vertebrados não são peixes*

Utilize-se o *modus tollens* para verificar se a argumentação é ou não válida:

$$h_1 \wedge h_2 \wedge h_3 \Rightarrow t$$
$$\sim t$$
$$\overline{\sim (h_1 \wedge h_2 \wedge h_3) = \sim h_1 \vee \sim h_2 \vee \sim h_3}$$

isto é, negação da tese implica a não veracidade de pelo menos uma das hipóteses h_i, i = 1, 2, 3, o que equivale a afirmar que a conjunção delas é falsa.

Usando a teoria dos conjuntos, represente-se por

A = {x|x é animal marinho mamífero}

B = {x|x é animal marinho vertebrado}

C = {x|x é peixe}

Nestas condições, têm-se:

$h_1 : A \neq \emptyset$

$h_2 : A \subset B$

$h_3 : C \subset C \, A \qquad e$

$t : B \not\subset C$

Considere-se agora a negação da tese t, isto é, suponha-se que $B \subset C$. Tem-se, assim, a sequência de implicações, considerando as hipóteses acima.

$(B \subset C) \Rightarrow (B \subset CA) \Rightarrow (A \subset CA) \Rightarrow (A = \emptyset)$

o que contradiz h_1. Logo, o argumento é válido, uma vez que a negação da tese conduz à negação da hipótese.

Número de Elementos de um Conjunto

Algumas aplicação da álgebra dos conjuntos, particularmente a Teoria da Probabilidade, dependem do conhecimento sobre o número n de elementos de um conjunto X, o que será indicado por n (X).

Assim, é trivial que se X e Y pertencem a S e não têm elementos comuns, isto é, X e Y são *conjuntos disjuntos*, a fórmula

$$n(X \cup Y) = n(X) + n(Y)$$

se verifica.

Entretanto, se X e Y não são disjuntos, então

$$n(X \cup Y) = n(X) + n(Y) - n(X \cap Y).$$

Por praticidade, na demonstração a seguir, X' e Y' indicam, respectivamente, o complemento de X e o complemento de Y em relação a S.

DEMONSTRAÇÃO

Como $X \cap Y$ e $X \cap Y'$ são conjuntos disjuntos e

$$X = (X \cap Y) \cup (X \cap Y') \text{ segue-se que}$$

$$n(X) = n(X \cap Y) + n(X \cap Y')$$

Analogamente, $n(Y) = n(X \cap Y) + n(X' \cap Y)$

Adicionando estas duas equações, obtém-se

$$n(X) + n(Y) = n(X \cap Y') + n(X' \cap Y) + 2n(X \cap Y), \text{ ou}$$

$$n(X \cap Y') + n(X' \cap Y) = n(X) + n(Y) - 2n(X \cap Y).$$

Observe-se agora que $X \cap Y'$, $X' \cap Y$ e $X \cap Y$ são conjuntos disjuntos e

$$X \cup Y = [X \cap (Y \cup Y')] \cup [Y \cap (X \cup X')]$$

$$= (X \cap Y) \cup (X \cap Y') \cup (Y \cap X) \cup (Y \cap X')$$

$$= (X \cap Y) \cup (X \cap Y') \cup (X' \cap Y)$$

Portanto, $n(X \cup Y) = n(X \cap Y) + n(X \cap Y') + n(X' \cap Y)$.

Fazendo substituições na expressão acima, obtém-se o resultado desejado:

$$n(X \cup Y) = n(X) + n(Y) - n(X \cap Y)$$

Isomorfismo entre uma Álgebra Booleana
e a Álgebra dos Conjuntos

Diz-se que dois conjuntos são *isomorfos* se existem entre eles as seguintes relações:

- para cada operação definida em um conjunto, existe uma operação correspondente no segundo, com propriedades análogas;
- a existência de uma correspondência biunívoca entre os elementos de ambos os conjuntos.

Sintetizando, os dois conjuntos são *idênticos* a menos de nomes de símbolos utilizados para descrever elementos e operações.

Por exemplo, considerem-se as três álgebras booleanas apresentadas neste livro:

- a álgebra abstrata B
- a álgebra das proposições U e
- a álgebra dos conjuntos S

As operações correspondentes são

$$B \quad U \quad S$$

$$o \quad v \quad U$$

$$* \quad \wedge \quad \cap$$

Foi demonstrado que todas elas têm a mesma axiomática e, portanto, gozam das mesmas propriedades ou teoremas.

Daí o seguinte

TEOREMA

Qualquer álgebra booleana é isomorfa a uma álgebra de conjuntos ou a uma álgebra de proposições.

Acrescente-se ainda: é através dos chamados *morfismos* que pesquisadores do século XX conseguem uma grande síntese do pensamento matemático. Assim, como estruturas algébricas são consideradas *equivalentes a menos de um isomorfismo*, estruturas topológicas também o são *a menos de um homeomorfismo*, isto é, elas se mantêm invariantes sob transformações topológicas: aplicações contínuas que têm inverso também contínuas.

Em outras palavras, em vez de estudar cada estrutura isoladamente, o que seria exaustivo, é suficiente estudar apenas uma e estender seus resultados a todas as outras que lhe são isomorfas ou homeoformas.

Apropriação do Simbolismo da Lógica pela Matemática

Serão exibidas agora, algumas aplicações do conteúdo até aqui estudado à Matemática, mostrando como a simbologia da Lógica tornou-a operacionável.

Comece-se por um conceito muito importante, que é o de limite de uma função e utilize-se para isso uma função f com valores reais, definida em um subconjunto $X \subset R$.

Indica-se que o número real b é *o limite de f(x)* quando x tende para um *ponto de acumulação a* do domínio de f por

$$lim\ f(x) = b$$
$$x \rightarrow a$$

Tal notação, em linguagem veicular, significa que é possível tornar f(x) arbitrariamente próximo de b, desde que se tome x suficientemente próximo de *a* e diferente de *a*.

Utilizando a linguagem da Lógica, expressa-se o fato acima da seguinte maneira:

$$lim\ f(x) = b$$
$$x \rightarrow a$$

$$\Updownarrow$$

$$\forall\ \varepsilon > 0,\ \exists\ \delta > 0,\ \forall\ x \in X,\ |x - a| < \delta \Rightarrow |f(x) - b| < \varepsilon$$

Um outro conceito importante em Matemática, por ser o tema essencial da Topologia, é o de função contínua. Uma função $f : X \rightarrow R$ diz-se *contínua* no ponto $a \in X$ quando é possível tornar *f(x)* arbitrariamente próximo de *f(a)* desde que se tome x suficientemente próximo de *a*.

Fazendo uso da simbologia da Lógica, tem-se:

$f : X \rightarrow R$ é *contínua* no ponto $a \in X$

$$\Updownarrow$$

$$\forall\ \varepsilon > 0,\ \exists\ \delta > 0,\ \forall\ x \in X,\ |x - a| < \delta \Rightarrow |f(x) - f(a)| < \varepsilon$$

A negação dessa definição nos dá o conceito de *descontinuidade* de uma função:

$f : X \rightarrow R$ não é *contínua* no ponto $a \in X$

$$\Updownarrow$$

$$\exists\ \varepsilon > 0,\ \forall\ \delta > 0,\ \exists x \in X,\ |x - a| < \delta \land |f(x) - f(a)| \geq \varepsilon$$

É importante observar que a variável x depende de δ.

Neste contexto, R indica o conjunto dos números reais e $\varepsilon, \delta \in R$.

3.3 Lógica e Ciência da Computação

Certamente o computador é uma das façanhas lógico-matemáticas mais revolucionárias do século XX. Deixa de ser *aquele que faz contas*, penetra em todas as áreas do conhecimento e evolui a cada dia que passa.

Mas, onde está a sua origem? No próprio corpo humano, precisamente nos seus dez dedos – até hoje usados para o cálculo nos primeiros anos escolares?

O primeiro computador que se tem notícia são os ábacos, cuja origem data de 5000 anos atrás. Permitem a civilizações muito antigas somar, subtrair, multiplicar e dividir. Entretanto, são de manuseio difícil e exigem muita técnica. Só a partir do século XVIII são inventados os primeiros computadores mecânicos. Em 1642, Blaise Pascal, para ajudar seu pai nos cansativos cálculos que faz como coletor de impostos, cria uma máquina de somar. Ela possui 10 mostradores onde estão impressos algarismos sequenciados de 0 a 9; quando um deles gira, o da esquerda que representa uma unidade decimal mais alta gira de uma unidade. Está assim criado o inteligente processo de *transporte automático* da operação adição, no sistema de base 10. A máquina de Pascal opera com números de até seis dígitos.

Ainda na segunda metade do século XVIII são criadas máquinas capazes de subtrair e dividir. Em 1875 o americano F.S. Baldwin patenteia a primeira máquina de calcular, capaz de efetuar as quatro operações sem readaptações. As calculadoras de mesa da primeira metade do século XX, paralelamente à II Guerra Mundial não são muito diferentes da máquina de Baldwin. No entorno de 1812, o matemático inglês Charles Babbage

(1792-1871) faz algumas tentativas para construir uma máquina mais potente que as anteriores. Ele idealiza um projeto para executar de modo completamente automático uma série de operações aritméticas prescritas de início por um operador. Seria a *máquina analítica* assim por ele chamada. Mas faltou tecnologia mais precisa para sua execução. O projeto da máquina analítica de Babbage dá origem ao gigante *IBM Automatic Sequence Controlled Calculator* (o ASCC), construído em convênio com a Universidade de Harward e a International Business Machine Corporation (IBM). Sua conclusão acontece em 1944. Tem aproximadamente 15 metros de comprimento, 2,5m de altura, 750.000 componentes interligados por 80.400 metros de fio. Pesa 5 toneladas.

A titulo de curiosidade a tabela a seguir constante do livro de Eves Howard – História da Matemática, apresenta dados comparativos sobre o cálculo do número irracional π com computadores eletrônicos.

CÁLCULO DO NÚMERO IRRACIONAL π

Autor	Computador	Ano	Casas decimais	Tempo
Reitwierner	ENIAC	1949	2037	70 h
Nicholson e Jeenel	NORC	1954	3089	13 min
Felton	PEGASUS	1958	10.000	33 h
Genuys	IBM 704	1958	10.000	100 min
Genuys	IBM 704	1959	16.167	4,3 h
Sanks e Wrenah	IBM 7090	1961	100.265	8,7 h
....	....	....	....	....
D. H. Bailey	Cray 2	1986	29.360.000	28 h

Na Chegada do século XXI, velocidade, leveza, capacidade são cada vez maiores e dimensões cada vez menores. Essa evolução dos computadores é melhor avaliada ao se fazer uma comparação entre o S/360 da IBM que chegou ao mercado em 1964 e o MacBook Air da Apple, lançado em janeiro de 2008.

	IBM S/360	APPLE MacBook Air
Dimensões	800 m²	32 cm de largura 23 cm de comprimento 2 cm de espessura
Peso	10 toneladas	1,36 quilos
Capacidade de processamento	75 milhões de instruções por segundo	1,6 bilhão de instruções por segundo
Utilidades	Uso restrito a cálculos científicos em universidades e centros de defesa militar	Execução de todas as funções de um microcomputador, com recursos de câmara e vídeo e acesso à internet sem fio.

Fonte: Revista VEJA / 40 anos nº 2.077

Assim, de propósitos militares a objetos de luxo, os computadores transformarm-se em requisitos essenciais ao desenvolvimento. Do primeiro grau escolar às universidades, sua presença é imprescindível no bom ensino e na pesquisa.

Quem diz *computador* diz *internet*. A história da internet se inicia no final da década de 60. A ideia inicial era a de permitir a comunicação entre vários computadores, distantes, com vista a uma troca de informações rápida e segura. Com a elaboração de programas mais fáceis, com a invenção de sistemas operacionais, e dos PC (Personal Computers), os computadores deixaram de ser artigos de universidades e de governos para se tornarem também em objetos de uso doméstico.

O fato é que, o sonho de Descartes se realiza: o século XX fica interligado pela matemática, uma vez que o conjunto de circuitos básicos utilizados pelo computador tem a estrutura de uma álgebra booleana.

Circuitos para a Computação Aritmética

Entre as características de um computador que devem ser mencionadas estão dispositivos através dos quais:

- informações e instruções podem ser dadas à máquina;
- a máquina pode realizar essas instruções e executar uma variedade de tarefas especializadas;
- os resultados das realizações da máquina podem ser acessíveis ao operador.

Cada uma dessas áreas tem seus tipos especiais de modelos e de circuitos. Interessa aqui a álgebra dos circuitos com atenção especial para o *design* dos mesmos.

Um requisito, entretanto, faz-se necessário: um aprofundamento do sistema binário de números.

Sistema Numérico Binário

Como o sistema decimal de números é familiar a todo leitor, por motivos didáticos, são feitas comparações entre ele e o sistema binário.

Assim, o sistema de base 10 usa o conjunto de dez algarismos,

$$\{0, 1, 2, 3, 4, 5, 6, 7, 8, 9,\}$$

enquanto o sistema binário ou sistema de base 2 é formado por um conjunto de dois algarismos,

$\{0, 1\}$.

Dado um número qualquer em cada um dos sistemas, os algarismos que o compõem têm um significado dependente da sua posição dentro do número.

Por exemplo, no número 3952, o algarismo 3 se refere a 1000, 9 a 100, 5 a 10 e 2 a unidades. Uma maneira equivalente de representação é escrever o número como uma soma de múltiplos de potências de 10, ou seja:

$$3952 = 3(10)^3 + 9(10)^2 + 5(10)^1 + 2(10)^0$$

Tal representação coloca em evidência o significado do número *10* no sistema decimal.

De modo análogo, um número escrito no sistema binário, 1101, por exemplo, pode ser representado por

$$1101 = 1(2)^3 + 1(2)^2 + 0(2)^1 + 1(2)^0 = 8 + 4 + 1 = 13$$

isto é, o número 1101 no sistema de base 2 corresponde ao número 13 no sistema de base 10.

Para simplificar a afirmação anterior, usa-se a notação

$$1101_2 = 13_{10}$$

Qualquer inteiro positivo maior que 1 pode servir como uma base, tão bem quanto os inteiros 2 e 10. Assim, um número escrito no sistema de base 5, 234, por exemplo, pode ser representado como uma soma de múltiplos de 5:

$$234_5 = 2(5)^2 + 3(5)^1 + 4(5)^0 = 50 + 15 + 4 = 69_{10}$$

Se uma base maior que 10 for usada, é necessário criar novos símbolos, desde que em qualquer sistema, um inteiro menor que a base seria representado por um único dígito.

Para precisar as ideias define-se um *dígito* como qualquer símbolo único usado para representar um inteiro não-negativo. Um *número* N é definido como um símbolo constituído de uma sequência de k + 1 dígitos,

$$N = a_k \ldots a_2\, a_1\, a_0$$

em que cada a_i é um dígito. Assim o número N está relacionado ao sistema numérico de base R pela equação

$$N = a_k\, R^k + \ldots + a_2\, R^2 + a_1\, R^1 + a_0\, R^0$$

Viu-se como converter um número expresso em uma dada base para o seu correspondente na base 10.

Agora, para converter qualquer número N do sistema de base decimal para o sistema de base R, o método a seguir pode ser usado.

Para ilustrar considere-se, paralelamente à explanação genérica, um exemplo em que N = 13 e R = 2, ou seja, converter o número 13 de base decimal, para o sistema de base 2:

1. determine a mais alta potência k de R que não exceda N;
   [como N = 13 e R = 2, então k = 3 e 2^3 =8]
2. divida N por R^k; o quociente, a_k, é o primeiro dígito de N e o resto, r_1, será usado de acordo com o item 3;
   [$13 : 2^3 = 1(2^3) + 5$ em que $a_k = 1$ e $r_1 = 5$]
3. a) se r_1 é maior que R^{k-1}, divida r_1 por R^{k-1} para obter o quociente a_{k-1}, que corresponde ao segundo dígito de N, e um resto r_2 para ser usado

conforme o item 4.

b) se r_1 é menor que R^{k-1}, o segundo digito de N

é 0 e r_1 é usado conforme o item 4.

[$r_1 = 5$, $R^{k-1} = 2^2$; portanto, $5:2^2 = 1(2^2) + 1$, em

que $a_{k-1} = 1$ e $r_2 = 1$. É o caso 3, item a)]

4. repita o item 3 com o resultado de a) ou b) e continue até que todas as potências de R menores que K sejam exauridas.

[Agora, $r_2 = 1$, $R^{k-2} = 2^1$; portanto, $1:2^1 = 0(2)^1 + 1$,

em que $a_{k-2} = 0$ e $r_3 = 1$. É o caso 3, item b)]].

Continuando, segundo o item 4, $r_3 = 1$, $R^{k-3} = 2^0$; portanto, $1:2^0 = 1(2)^0$ em que

$$a_{k-3} = 1 \text{ e } r_4 = 0.$$

Assim, 13_{10} $= 1(2^3) + 5 = 1(2)^3 + 1(2)^2 + 1 =$

$$= 1(2)^3 + 1(2)^2 + 0(2)^1 + 1 =$$

$$= 1(2)^3 + 1(2)^2 + 0(2)^1 + 1(2)^0$$

Logo, $13_{10} = 1101_2$

OBSERVAÇÃO. O método acima é equivalente ao que é apresentado a seguir, com maior praticidade:

$$
\begin{array}{c|c}
13 & 2 \\
1 & 6 \quad\big|\, 2 \\
a_{k-3} \quad 0 & 3 \quad\big|\, 2 \\
a_{k-2} \quad 1 & 2 \\
a_{k-1} \quad & 1 \\
& a_k
\end{array}
$$

Ou seja,

$13_{10} = 1101_2$

EXEMPLOS

1) Converter 259_{10} para o sistema de base 3:
$3^5 = 243$ é a mais alta potência de 3 menor que 259.
Então,

$$259 : (3^5) = 1\,(3)^5 + 16$$

$$= 1\,(3)^5 + 0\,(3)^4 + 16$$

$$= 1\,(3)^5 + 0\,(3)^4 + 0\,(3)^3 + 16$$

$$= 1\,(3)^5 + 0\,(3)^4 + 0\,(3)^3 + 1\,(3)^2 + 7$$

$$= 1\,(3)^5 + 0\,(3)^4 + 0\,(3)^3 + 1\,(3)^2 + 2(3^1) + 1\,(3^0)$$

$$= 100121_3$$

ou

$$
\begin{array}{cccccc}
259 & | 3 & & & & \\
19 & 86 & | 3 & & & \\
1 & 26 & 28 & | 3 & & \\
a_{k-5} & 2 & 1 & 9 & | 3 & \\
 & a_{k-4} & a_{k-3} & 0 & 3 & | 3 \\
 & & & a_{k-2} & 0 & 1 \\
 & & & & a_{k-1} & a_k \\
\end{array}
$$

Portanto, $259_{10} = 100121_3$

2) Converter 16_{10} para o sistema de base 2:

16_{10} $= 1(2^4) + 0$

$= 1 (2^4) + 0 (2^3) + 0$

$= 1 (2^4) + 0 (2^3) + 0 (2^2) + 0$

$= 1 (2^4) + 0 (2^3) + 0 (2^2) + 0 (2^1) + 0$

$= 1 (2^4) + 0 (2^3) + 0 (2^2) + 0 (2^1) + 0 (2^0) =$

$= 10000_2$

3) Converter 10000_2 para o sistema decimal.

$10000_2 = 1 (2^4) + 0 (2^3) + 0 (2^2) + 0 (2^1) + 0 (2^0) = 16_{10}$

4) Converter 9_{10} para o sistema de base 2.

9_{10} $= 1 (2^3) + 1 =$

$= 1 (2^3) + 0 (2^2) + 1$

$= 1 (2^3) + 0 (2^2) + 0 (2^1) + 1$

$= 1 (2^3) + 0 (2^2) + 0 (2^1) + 1 (2^0) = 1001$

5) Converter 2_{10} para o sistema binário:

$2_{10} = 1 (2^1) + 0 (2^0) = 10_2$

6) Converter 10_2 para o sistema decimal:

$10_2 = 1 (2^1) + 0 (2^0) = 2_{10}$

OBSERVAÇÃO. Frações podem também ter seus correspondentes no sistema binário, através de potências negativas de 2. Basta transformá-las, antes, em números decimais. Embora este livro limite-se a números inteiros, à guisa de ilustração, considerem-se os exemplos a seguir.

EXEMPLOS

1) No sistema decimal,

$$\frac{3}{4} = 0,75 = 7 \, (10)^{-1} + 5 \, (10)^{-2}$$

No sistema binário,

$$\frac{3}{4} = \frac{11}{100} = 0,11 = 1 \, (2^{-1}) + 1 \, (2^{-2})$$

2) $$13,25 = 13 + 0,25 = 13 + \frac{1}{4} = 1101 + \frac{1}{2^2} = 1101 + \frac{1}{4} =$$

$$1101 + \frac{1}{100} = 1101 + 0,01 = 1101,01$$

Operações Numéricas Binárias

As calculadoras eletrônicas de tipo aritmético se servem das operações lógicas para efetuar seus cálculos. Embora na entrada e na saída elas trabalhem com números expressos no sistema decimal, numa etapa intermediária se utilizam do sistema de base dois, ou seja, do conjunto U = {0, 1} dos valores lógicos.

O nosso objetivo imediato é mostrar como é executada uma operação fundamental, por exemplo, a *adição*, nessa etapa intermediária.

Para isso, considerem-se dois números no sistema de base 2:

1 0 1 1

1 1 1 0

Utilizando nossa *cabeça de calcular*, encontra-se para sua soma o número 11001, considerando que duas unidades de uma ordem formam uma unidade de ordem imediatamente superior. De fato,

1	1	1	0	parcela *transporte*
1	0	1	1	1ª parcela
1	1	1	0	2ª parcela

1 1 0 0 1

Para obter este resultado, a *máquina de calcular* atua, também, como a mente humana, efetuando duas operações:

1) a *operação soma S*, definida por
$S = X \mathbin{\dot\vee} Y \mathbin{\dot\vee} Z$ e
2) a *operação transporte T*, definida por
$T = (X \wedge Y) \vee (X \wedge Z) \vee (Y \wedge Z)$

em que X e Y representam os dígitos das parcelas dadas e Z a acumulação resultante da operação T. Começando pela primeira coluna da direita a máquina calcula a primeira soma parcial, que só tem duas parcelas, X e Y.

$$S_1 = 1 \mathbin{\dot\vee} 0 = 1$$

e, em seguida, o primeiro transporte

$$T_1 = 1 \wedge 0 = 0$$

o qual será colocado na coluna seguinte, a fim de ser

225

somado com as outras parcelas. Tem-se:

$$
\begin{array}{cccc}
T_1 & & & \\
0 & & Z & \text{parcela } transporte \\
1\ 0\ 1\ 1 & & X & \text{1ª parcela} \\
1\ 1\ 1\ 0 & & Y & \text{2ª parcela} \\
\hline
\end{array}
$$

$$1$$

$$S_1$$

Agora têm-se três parcelas no cálculo da segunda soma parcial:

$S_2 = 0\ \dot{V}\ 1\ \dot{V}\ 1 = 0$ e

$T_2 = (0 \wedge 1) \vee (0 \wedge 1) \vee (1 \wedge 1) = 0 \vee 0 \vee 1 = 1$

Aplicando as propriedades comutativa e associativa das operações $\vee$, $\wedge$ e $\dot{V}$, o dispositivo prossegue com novos resultados:

$$
\begin{array}{cccc}
T_2\ T_1 & & & \\
1\ \ 0 & & & \\
1\ \ 0 & 1 & 1 & \\
1\ \ 1 & 1 & 0 & \\
\hline
\end{array}
$$

$$0\ \ 1$$

$$S_2\ \ S_1$$

e S_3 e T_3 serão: $S_3 = 1\ \dot{V}\ 0\ \dot{V}\ 1 = 0$

$T_3 = (1 \wedge 0) \vee (1 \wedge 1) \vee (0 \wedge 1) = 0 \vee 1 \vee 0 = 1$

Finalmente, calculando do mesmo modo S_4, T_4 e S_5, tem-se:

$$T_4 \ T_3 \ T_2 \ T_1$$

```
      1  1  1  0
      1  0  1  1
      1  1  1  0
   _____
   1  1  0  0  1
```

$$S_5 \ S_4 \ S_3 \ S_2 \ S_1$$

Assim, 1011 + 1110 = 11001

Convertendo agora, as parcelas e a soma do exemplo dado, para o sistema de base 10, vêm:

1ª parcela $1011 = 1\,(2)^3 + 0\,(2)^2 + 1\,(2)^1 + 1\,(2)^0 = 11$

2ª parcela $1110 = 1\,(2)^3 + 1\,(2)^2 + 1\,(2)^1 + 0\,(2)^0 = 14$

A soma é: $11001 = 1\,(2)^4 + 1\,(2)^3 + 0\,(2)^2 + 0\,(2)^1 + 1\,(2)^0 = 25$

Converta-se, agora, a soma decimal obtida, 25, para o sistema binário:

```
25 | 2
 1  12 | 2
     0   6 | 2
         0   3 | 2
             1   1
```

ou

$25 = 1\,(2^4) + 9 = 1(2^4) + 1\,(2^3) + 1 =$
$= 1\,(2^4) + 1(2^3) + 0\,(2^2) + 1 =$
$= 1\,(2^4) + 1(2^3) + 0\,(2^2) + 0\,(2^1) + 1\,(2^0) =$
$= 11001$

Obtém-se assim, a soma 11001.

Na operação *subtração* há que se levar em conta a

ordem das parcelas, por não ser uma operação comutativa. À semelhança do sistema de base 10, têm-se o *minuendo* e *subtraendo*, a *diferença* e o *empréstimo*.

Considere-se o exemplo a seguir, usando primeiramente nossa *cabeça de calcular* e recordando que: a) toda vez que um dígito minuendo for menor que o correspondente dígito subtraendo, toma-se 1 unidade emprestada ao dígito posicionado imediatamente à esquerda; b) os números 1 e 10, no sistema binário equivalem a 1 e 2 no sistema decimal, respectivamente.

$$
\begin{array}{cccc}
E_4 & E_3 & E_2 & E_1 \\
0 & 0 & 1 & 1 \\
1 & 1 & 1 & 0 \\
- \ 1 & 0 & 1 & 1 \\
\hline
0 & 0 & 1 & 1 \\
D_4 & D_3 & D_2 & D_1
\end{array}
\qquad
\begin{array}{l}
\\
\text{empréstimo } E \\
\text{minuendo } x \\
\text{subtraendo } y \\
\\
\text{diferença } D \\
\end{array}
$$

A máquina de calcular atua efetuando as operações diferença D e empréstimo E definidas por

$D = x \mathbin{\dot\vee} y$ em que x representa o dígito minuendo e y, o subtraendo correspondente.

A operação *empréstimo* é dada por

$$E = \sim x \wedge y$$

Têm-se, pois:

$D_1 = 0 \mathbin{\dot\vee} 1 = 1$ e $E_1 = 1 \wedge 1 = 1$

$D_2 = 0 \mathbin{\dot\vee} 1 = 1$ e $E_2 = 1 \wedge 1 = 1$

$D_3 = 0 \mathbin{\dot\vee} 0 = 0$ e $E_3 = 1 \wedge 0 = 0$

$D_4 = 1 \mathbin{\dot\vee} 1 = 0$ e $E_4 = 0 \wedge 1 = 0$

Assim, $1110 - 1011 = 0011 = 11$

Revertendo para o sistema de base 10 têm-se:

o minuendo $\quad\quad 1110_2 = 14_{10}$,

e o subtraendo $\quad 1011_2 = 11_{10}$,

$$14_{10} - 11_{10} = 3_{10} \quad e$$

$$11_2 = 1\,(2)^1 + 1\,(2)^0 = 3_{10}$$

Por sua vez, a diferença somada com o subtraendo dá o minuendo.

De fato,

```
    0 0 1 1
 +  1 0 1 1
 ----------
    1 1 1 0
```

Quanto à *multiplicação binária,* entre os muitos métodos adotados, os mais utilizados empregam o uso de um *acumulador* que nada mais é do que uma adição repetida. O exemplo a seguir ilustra os passos que devem ser executados por um computador:

```
      1 1 1
      1 0 1
    -------
      1 1 1
    0 0 0
  1 1 1
  ----------
  1 0 0 0 1 1
```

Os produtos parciais são facilmente obtidos desde

que eles são ou 0 ou 1, idênticos aos do multiplicando. Contudo, a adição é complicada porque os produtos parciais a serem acumulados podem não ser simplesmente de 3 dígitos, uma vez que cada produto parcial sucessivo é transladado de uma posição para a esquerda do produto parcial acima dele.

A *divisão binária* será aqui apresentada, também sem detalhamentos, uma vez que o objetivo deste item é apenas ilustrar superficialmente como operar no sistema binário.

Para isso, considere-se a divisão a seguir:

$$11001 \div 101$$

```
1 1 0 0 1      | 1 0 1
1 0 1          | 1 0 1
0 0 1 0
0 0 0 0
0 0 1 0 1
0 0 1 0 1
0 0 0 0 0
```

Como no sistema de base 10, a divisão no sistema base 2 utiliza as operações de multiplicação e subtração.

Circuitos Lógicos Elementares

Surge agora naturalmente a pergunta: quais os mecanismos utilizados pelas máquinas para o cálculo dessas operações? São os circuitos elétricos das operações lógicas de conjunção, disjunção e negação.

Um circuito lógico elementar é aqui concebido como uma pequena caixa com um ou mais *inputs* condutores e um ou mais *outputs* condutores. Estes condutores carregarão sinais na forma de voltagem positiva, correspondendo ao valor 1 ou, voltagem zero correspondendo ao valor 0. Em outras palavras, fazendo a devida correspondência com o universo $U = \{0, 1\}$ dos valores lógicos, o valor lógico 1 significa passagem de corrente e o valor 0 ausência de corrente no circuito.

Um circuito elementar é diagramado como um pequeno círculo com uma letra no seu interior: as operações binárias *conjunção* e *disjunção* são indicadas por *e* e *ou*, respectivamente e a operação unária *negação* por *n*. Linhas indicam *inputs* e *outputs*. Setas sobre essas linhas indicam a diferença entre *inputs* e *outputs*: uma seta que aponta para o círculo representa um *input*. Possíveis construções para estes elementos são feitas em termos de *relays*, ou *interruptores:* são eletroímãs que têm por funções abrir ou fechar contatos elétricos a fim de estabelecer ou interromper circuitos.

Os primeiros circuitos lógicos aqui apresentados correspondem aos conectivos *e* e *ou*. As figuras a seguir mostram que no circuito da *conjunção*, os interruptores estão postos em série, o que equivale a afirmar que só há corrente no circuito quando se lança corrente nos dois *relays X* e *Y ao mesmo tempo*; caso contrário, eles se mantêm abertos, não havendo, portanto, corrente no circuito.

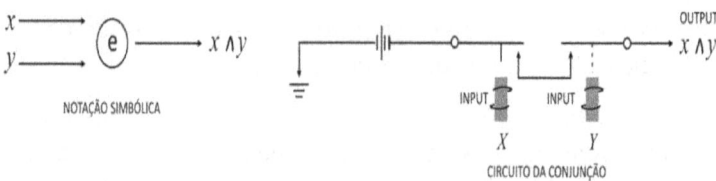

NOTAÇÃO SIMBÓLICA

CIRCUITO DA CONJUNÇÃO

No circuito da *disjunção*, os interruptores estão postos em paralelo, só havendo, portanto, corrente no circuito quando se lança corrente *em pelo menos um* dos *relays* X e Y.

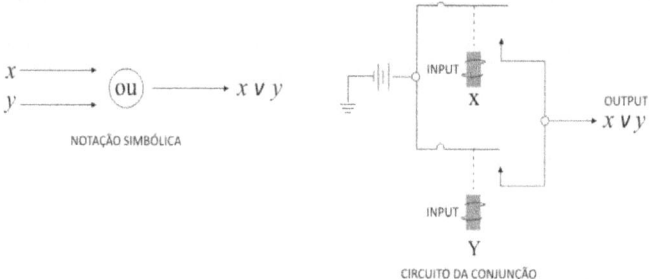

NOTAÇÃO SIMBÓLICA

CIRCUITO DA CONJUNÇÃO

No circuito da *negação*, o lançamento da corrente no *relay* provoca a interrupção do circuito e o interruptor fica automaticamente fechado quando não há corrente no relay. Em outras palavras, o output é 0 quando o *input* é 1 e vice – versa.

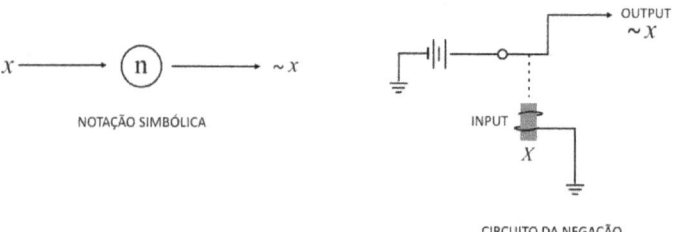

NOTAÇÃO SIMBÓLICA

CIRCUITO DA NEGAÇÃO

Observe-se que pelo fato de a operação *negação* ser unária, só há um input. Por outro lado, as operações binárias *e* e *ou* têm dois inputs. A extensão dessas duas últimas para mais inputs é evidente.

232

Como a operação *soma* é definida através da *disjunção exclusiva*, o diagrama do circuito desta operação, encontra-se a seguir, recordando antes que

$$x \ y = (x \wedge \sim y) \vee (y \wedge \sim x)$$

Tem-se, pois, usando a notação simplificada:

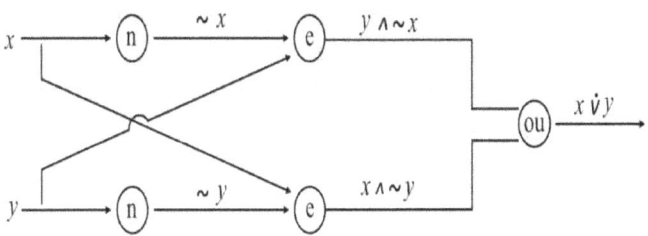

Álgebra dos Circuitos

A álgebra dos circuitos reproduz a álgebra booleana com dois elementos 0 e 1. Nesse sentido é idêntica à álgebra das proposições considerada como sistema abstrato.

As considerações abaixo limitam-se aos tipos mais simples de circuitos que envolvem apenas interruptores. Como em itens anteriores, são usadas letras minúsculas, mas de agora em diante será alterada a notação utilizada com o objetivo de facilitar os cálculos. Assim, um circuito consistindo de dois interruptores x e y conectados em paralelo será indicado por x + y em vez de x v y. Um circuito consistindo de x e y conectados em série será indicado por x.y ou, simplesmente xy no lugar de x ∧ y. Finalmente, se dois interruptores operam de modo que o

233

primeiro está sempre aberto quando o segundo está fechado, e fechado quando o segundo está aberto, se o primeiro é indicado por x, o segundo será indicado por x' em vez de ~x (ou igualmente, o primeiro por x' e o segundo por x).

Introduzida esta alteração, mostra-se que a cada circuito em série ou em paralelo corresponde uma função, que é uma expressão algébrica; reciprocamente, a cada expressão algébrica envolvendo somente (+), (·) e (') corresponde um circuito. Assim, utilizando a notação simbólica têm-se como exemplos:

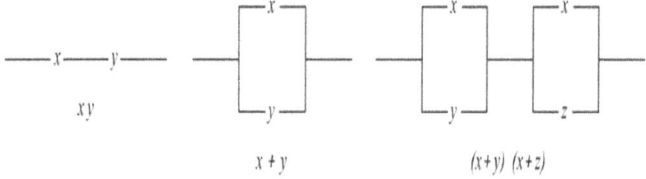

Correspondência Entre Funções e Circuitos

A correspondência entre funções e circuitos significa que cada função xy, x+y ou (x+y) (x+z), por exemplo, *representa* o respectivo circuito e cada circuito *realiza* a respectiva função.

Como já foi visto anteriormente, associa-se o valor 1 a uma letra se ela representa um interruptor fechado e o valor 0 se ela representa um interruptor aberto. Se ambos *a* e *a'* aparecem, então *a* é 1 se e somente se *a'* é 0. Desse modo, letras desempenham o papel de *variáveis* cujo domínio é o conjunto U = {0,1}.

Dois circuitos envolvendo interruptores *a,b,c*...são ditos *equivalentes* se para qualquer posição dos interruptores, a corrente pode ou passar por ambos (ambos fechados) ou não passar por ambos (ambos abertos).

234

Duas expressões algébricas são ditas *iguais* se e somente se elas representam circuitos equivalentes.

Exemplificando, considere-se a lei distributiva da multiplicação em relação à adição

$$x\,(y + z) = xy + xz.$$

Ela envolve duas expressões algébricas iguais, logo seus circuitos são equivalentes:

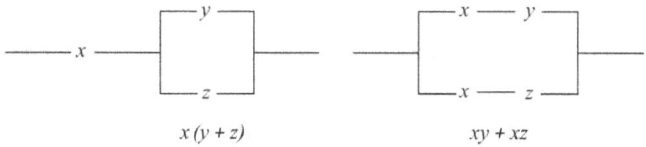

$$x\,(y + z) \qquad\qquad xy + xz$$

Pelo exposto, fica claro que serão investigados somente aqueles fatores que determinam se um circuito está aberto ou fechado. Os problemas referentes a resistência, quantidade de corrente, voltagem etc., não serão aqui tratados. Em outras palavras, o objetivo é conhecer se o circuito carregará ou não uma corrente e serão ignoradas considerações quantitativas. Esta situação é análoga à da lógica formal, cuja álgebra booleana se restringe ao universo U = {0,1} dos valores lógicos das proposições.

Tal tomada de posição se justifica porque considerações outras, além desses valores estão fora do alcance de técnicas algébricas.

Algebra Booleana e Desenhos de Circuitos

De acordo com as observações aneriores, pode-se agora desenhar circuitos com seus interruptores e verificar se cada uma das leis da álgebra booleana é válida quando interpretadas em termos de circuitos. Para exemplificar, considerem-se os circuitos que realizam as

235

funções de cada um dos lados da identidade que representa a lei distributiva da adição em relação à multiplicação.

$$x + (y\,z) = (x + y)\,(x + z)$$

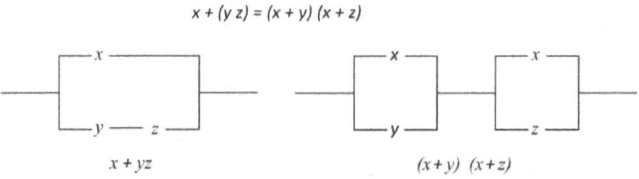

$$x + yz \qquad\qquad (x+y)\,(x+z)$$

Por inspeção, ela mostra que o circuito está fechado (a corrente pode passar) se o interruptor x está fechado, ou se ambos y e z estão fechados; que o circuito está aberto (a corrente não passa) se x e y ou x e z estão abertos. Portanto, os circuitos são equivalentes.

Um procedimento mais simples para verificar a validade das leis fundamentais é observar que os valores numéricos das funções *interruptores a', ab* e *a + b* são idênticos às tabelas de verdade para as funções proposicionais correspondentes:

a	b	a'	ab	$a + b$
1	1	0	1	1
1	0	0	0	1
0	1	1	0	1
0	0	1	0	0

Assim, a verificação pelas tabelas de verdade dos axiomas da álgebra booleana dados na Parte II é uma prova de que a álgebra de circuitos é também uma álgebra de Boole.

De fato,

Axioma A1. Em uma álgebra booleana B as operações (+) e (·) são comutativas:

$$a + b = b + a \qquad e \qquad ab = ba$$

a	b	a + b	b + a
1	1	1	1
1	0	1	1
0	1	1	1
0	0	0	0

a	b	ab	ba
1	1	1	1
1	0	0	0
0	1	0	0
0	0	0	0

ou, em termos de circuitos,

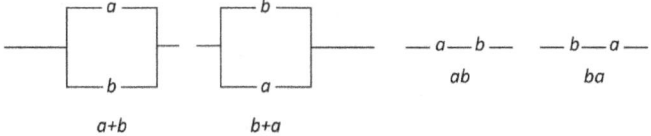

$a+b$ $b+a$

Desse modo, tanto as tabelas de verdade da adição como os respectivos circuitos informam que, independentemente da ordem dos interruptores, só haverá corrente no circuito se houver corrente em pelo menos um dos interruptores. Analogamente, em relação ao circuito da multiplicação, só haverá corrente no circuito se houver corrente em ambos os interruptores, independentemente da ordem dos mesmos.

Axioma A2. Existem na álgebra booleana B elementos *identidade* 0 e 1 referentes às operações (+) e (·), respectivamente.

Em outras palavras,

$$a + 0 = a \qquad e \qquad a \, . \, 1 = a$$

qualquer que seja o valor lógico de a:

a	0	a + 0	a + 0 = a
1	0	1	1
0	0	0	1

a	1	a.1	a.1 = a
1	1	1	1
0	1	0	1

Ou, em termos de circuitos,

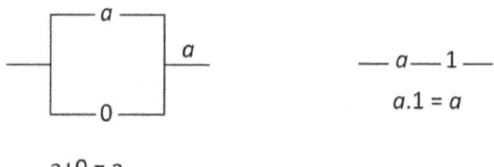

a+0 = a

a.1 = a

Axioma A3. Cada operação é distributiva em relação à outra, conforme demonstrações anteriores.

$$a + (b\,c) = (a+b)\,(a+c) \quad \text{e} \quad a\,(b+c) = (ab) + (ac)$$

Axioma A4. Para todo a em B existe um elemento x em B tal que

$$a + x = 1 \quad \text{e} \quad ax = 0$$

De fato, $x = a'$:

a	a'	$a+a'$	$a+a' = 1$
1	0	1	1
0	1	1	1

a	a'	aa'	$aa' = 0$
1	0	0	0
0	1	0	0

Em termos de circuitos:

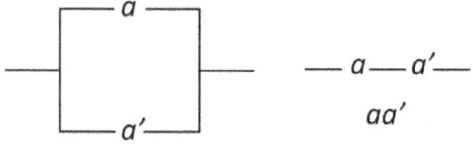

a+a'

aa'

Ou seja, em $a + a'$ há sempre passagem de corrente, enquanto em aa' há sempre ausência de corrente .

Uma vez demonstrados todos os axiomas da álgebra

booleana dos circuitos, valem todos os teoremas a ela pertinentes, representados pelas leis de De Morgan, da dualidade, da idempotência, da associatividade, da dupla negação, da equivalência etc.

Em particular, teoremas e regras referentes à simplificação de funções booleanas se aplicam à álgebra de circuitos.

Simplificação de Circuitos em Série e em Paralelo

O método geral para a simplificação de um circuito consiste primeiramente em achar a função booleana que o representa; em seguida, simplifica-se essa função, usando propriedades algébricas e, finalmente desenha-se um novo circuito que realize a função simplificada.

Os exemplos a seguir servem de ilustração.

EXEMPLO 1. Achar um circuito que realize a função booleana

$$xyz' + x'(y + z')$$

Ora, a expressão dada indica uma conexão em série de x, y e z' e em paralelo com um circuito correspondente a $x'(y + z')$. Assim, o último circuito consiste de x' em série com uma conexão paralela de y e z'. Portanto, o circuito diagrama é

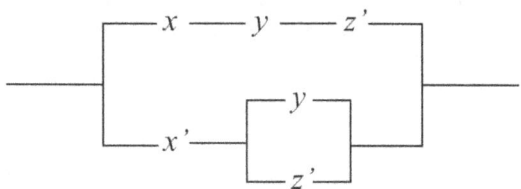

EXEMPLO 2. Achar a função booleana que representa o circuito mostrado no diagrama abaixo:

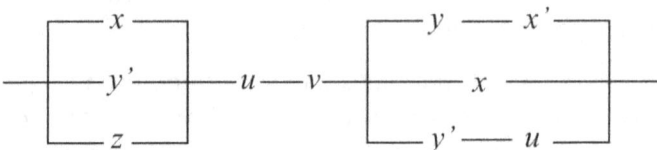

A função procurada é:

$$(x + y' + z)\ u\ v\ (yx' + x + y'u)$$

EXEMPLO 3. Simplificar o circuito abaixo:

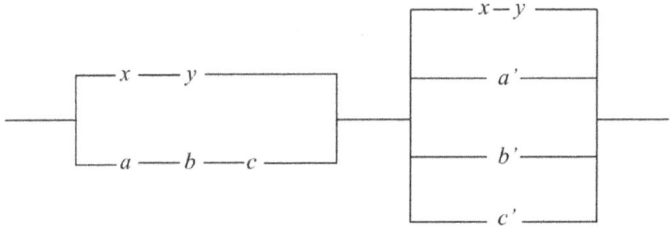

A função booleana correspondente ao circuito dado é:

$$(xy + abc)\ (xy + a' + b' + c')$$

A simplificação da função booleana que representa o circuito dado, encontra-se a seguir utilizando as leis distributivas, a lei da idempotência, as primeiras leis de De Morgan e os Axioma A_2 e A_4:

$= (xy + abc)\ (xy + a' + b' + c')$

$= (xy)\ (xy) + (xy)\ a' + (xy)\ b' + (xy)\ c' + (abc)\ (xy) + (abc)\ a' + (abc)\ b' + (abc)\ c'$

$= xy + xy\ (a' + b' + c' + abc) + (abc)\ (a' + b' + c')$

240

$$= xy + xy \, [(abc)' + abc] + (abc) \, (abc)'$$

$$= xy + xy \, (1) + 0$$

$$= xy$$

Assim, o circuito que realiza a função simplificada é

$$\text{——} \ x \ \text{——} \ y \ \text{——}$$

que é equivalente ao circuito dado.

Pelo exposto, foram abordados apenas circuitos em série e em paralelo. Como a álgebra booleana limita-se apenas a esses tipos, a simplificação pode frequentemente ser executada pelo designer que reconhece tal possibilidade. Os circuitos que fogem a essas condições podem ser estudados em livros especializados.

O objetivo aqui é a aplicação das leis da lógica, ou seja, da álgebra booleana, aos fundamentos da ciência da computação. É também o de permitir ao estudante que não deseja se aprofundar em tal ciência, apreciar as suas origens e os seus porquês.

3.4 Lógica e Probabilidade em Espaços Finitos

Faz-se conveniente uma ligeira reflexão sobre o conceito de probabilidade e a importância da lógica na sua teoria.

A probabilidade está associada à ocorrência de um *evento* ou *fenômeno;* portanto, a algo que se mostra ou se manifesta na experiência. Desde a época de oráculos e pitonisas, passando pela era dos sábios e dos filósofos, até o fim da Idade Média, é comum a crença de que a decisão de qualquer evento é devida a algo sobrenatural. Isso justifica o fato de a abordagem matemática do *acaso*, do *risco*, do *azar* ter se iniciado há pouco mais de 500 anos. Em outras palavras, a teoria da probabilidade nasce das tentativas de quantificação, em particular, dos *riscos dos seguros* e de avaliação de *chances de ganhar em jogos de azar*.

As primeiras ideias de *seguros* ocorrem há mais de 5.000 anos entre comerciantes marítimos, devido a perdas de cargas por roubo, ou mesmo por naufrágios. É, provavelmente, o caso de mesopotâmios e fenícios, seguidos por gregos e romanos e, depois, o mundo cristão medieval, através de italianos. Sobre a tecnologia empregada pelos *seguradores* dos tempos mais remotos, quase nada se sabe. É possível que se baseiem em estimativas empíricas de probabilidade de acidentes.

No fim da Idade Média, o crescimento de cidades conduz à popularização de um outro tipo de seguro: o de *vida*. Os primeiros estudos matemáticos sobre os mesmos devem-se a Cardano, em 1570, com grandes dificuldades. É o astrônomo Haley, descobridor do cometa que leva seu nome, quem impõe maior praticidade aos trabalhos de Cardano, mostrando como calcular o valor da anuidade do seguro em função da expectativa de vida do segurado. São, entretanto, as pesquisas feitas por D. Bernoulli em 1730, que conferem alguma cientificidade à teoria das probabilidades: a partir de um número dado de recém-nascidos, ele calcula o número esperado de sobreviventes após n anos.Tais resultados incrementam e sofisticam os *negócios de seguros*. Quanto aos jogos de azar, pode-se afirmar que eles são tão antigos quanto a humanidade, destacando-se entre eles os jogos de dados. Jogava-se também em apostas, para previsão do futuro, para decidir disputas, dividir heranças etc.

Apesar da dedicação de matemáticos, a verdadeira teoria referente às probabilidades surge através de correspondência entre Pascal e Fermat. Em 1654, independentemente um do outro, chegam à mesma solução do já conhecido problema da divisão das apostas.

Deve-se a Laplace, através de sua obra Teoria Analítica das Probabilidades, em 1812, a sistematização do conhecimento adquirido até então.

A sua evolução até o século XX, devido sobretudo a Kolmogorov, em 1933, leva a teoria das probabilidades a ter uma axiomática própria, rigorosa e abstrata baseada na Teoria dos Conjuntos de Cantor, cuja álgebra booleana é *isomorfa* à àlgebra da Lógica Formal ou à álgebra de Boole das proposições.

Este fato justifica o título deste item *Lógica e Probabilidade*.

Teoria Clássica da Probabilidade

Frases como: *é provável que ao jogar uma moeda caia coroa* ou *é provável que ao retirar uma carta de um baralho saia um ás de copas* etc., são expressões que envolvem probabilidade. A meta a ser alcançada no desenvolvimento dessa teoria é quantificar tais afirmações.

Para tal, considere-se primeiramente uma conceituação clássica de probabilidade.

Seja E um evento qualquer e suponha-se que ele possa ocorrer de *h maneiras diferentes*, em um total *de n modos possíveis, igualmente prováveis*.

Então, a probabilidade de ocorrência do *evento E*, denominado *sucesso* é definida por

$$p = P(E) = \frac{h}{n} = \frac{n^{\underline{o}} \text{ de ocorrências do evento}}{n^{\underline{o}} \text{ de casos possíveis}}$$

Os exemplos a seguir ilustram diretamente a definição.

A probabilidade de:

1) extrair um ás de copas, num baralho *bem embaralhado* de 52 cartas é de 1 em 52 uma vez que o evento *ás de copas* só pode ocorrer uma vez no total de 52 cartas.
2) extrair um ás desse mesmo baralho é 4 em 52 porque o baralho tem 4 ases.
3) sair *cara* ao jogar uma moeda *honesta* ou *balanceada* é de 1 em 2.
4) ocorrência de um número par num dado *não viciado* é de 3 em 6.
5) ocorrer o número 7 em um único lance de um

dado é de 0 em 6, ou 0/6 = 0, ou seja, trata-se de um *evento impossível ou que representa impossibilidade.*

6) ocorrer 1 ou 2 ou 3 ou 4 ou 5 ou 6 em um único lance de um dado é de 6 em 6 ou 6/6 = 1. Ou seja, tal evento representa *certeza.*

Desse modo, dado um evento E,

$$0 \le P(E) \le 1,$$

uma vez que o numerador e o denominador são números positivos, o numerador é menor que o denominador, podendo ainda ocorrer P (E) = 0 ou P (E) = 1.

Ainda, a probabilidade de *não ocorrência* de um evento E, denominada *insucesso*, é definida por

$$q = P(\text{não } E) = \frac{n-h}{n} = 1 - \frac{h}{n} = 1 - P(E)$$

Portanto, P(E) + P(não E) = 1.

O evento *não E* é também indicado por ~ E ou E'.

Assim, a probabilidade de não ocorrer 4 ou 5 ou 6 num único lance de um dado *não-viesado* é igual à probabilidade de ocorrer 1 ou 2 ou 3, ou seja,

$$q = P(\sim E) = 1 - P(E) = 1 - \frac{3}{6} = \frac{3}{6} = \frac{1}{2} = 0{,}50 = 50\%$$

Observe-se a preocupação, nesta definição, com os termos *bem embaralhado, balanceado, honesto,* ou, de modo mais geral, *não-viesado.* Eles querem significar que os *n modos possíveis* são *igualmente prováveis* ou *equiprováveis.* Tem-se assim uma definição *recorrente,* isto é, um conceito definido em função dele próprio.

Por esse motivo, essa conceituação clássica de probabilidade foi substituída, por alguns autores, pela teoria *frequencista* de Richard Von Mises (1883-1953): *"a probabilidade de um evento é definida como a frequência relativa de sua ocorrência, quando o número de observações é muito grande"*.

O exemplo a seguir ilustra a definição dada: se em 1000 nascimentos ocorrem 530 do sexo masculino, a frequência relativa desse evento é 530/1000 = 0,53. Se em outros 1000 nascimentos resultam 511 do sexo masculino, a frequência relativa no total de 2000 nascimentos é (530+511) /2000 = 0,5205. Continuando desse modo, pode-se chegar cada vez mais próximo de um número que representa a probabilidade da ocorrência do nascimento de uma única criança do sexo masculino. Ela se aproxima de 0,5 à medida que o número de observações cresce consideravelmente. Observe-se que esta teoria, no caso de uma população infinita, por exemplo, terá que usar o conceito de *limite* e a probabilidade buscada torna-se dependente do modo de ordenação da série.

As dificuldades apresentadas nas duas definições anteriormente citadas levam matemáticos e estatísticos a desenvolver axiomaticamente uma teoria moderna, utilizando a álgebra booleana dos conjuntos.

Teoria da Probabilidade e Teoria dos Conjuntos

A teoria moderna da probabilidade, fundamentada na teoria dos conjuntos, não trata especialmente com fenômenos naturais, mas de preferência com conceitos abstratos: parte-se de um conjunto universo U de N elementos quaisquer, dos possíveis subconjuntos deste conjunto e dos números P(X) associados a cada subconjunto X.

O conjunto U é o *espaço amostral*, cada subconjunto X de U é chamado *evento* e os elementos de X, *pontos amostrais*. O número P(X), denominado *probabilidade de ocorrência do evento* X, é definido como a razão entre o número de pontos amostrais pertencentes ao evento X e o número de pontos amostrais do universo U. Em outros termos,

$$P(X) = \frac{n(X)}{N} = \frac{n^{\circ} \text{de pontos amostrais do evento X}}{n^{\circ} \text{de pontos amostrais do universo U}}$$

Recai-se assim na definição clássica, com mudança aparente na notação, mas sem utilizar o termo *equiprovável*. Evita-se também a teoria frequencista que, dentre outras coisas, exige um número muito grande de repetições do experimento.

Também esta definição implica imediatamente que:

a) $X \subseteq U$;   b) $P(X) = 0$ se $X = \emptyset$;
c) $P(X) = 1$ se $X = U$ e, portanto, $0 \leq P(X) \leq 1$.

Ainda, $P(\complement X) = P(X') = 1 - P(X)$ ou $P(U) - P(X) = 1 - P(X)$.

EXEMPLOS

Dois dados, um preto e o outro branco são lançados simultaneamente. O espaço amostral correspondente a todos os lances é o conjunto de 36 pares ordenados de números inteiros de 1 a 6. Convencione-se, por questões didáticas, que o primeiro elemento de cada par pertence ao dado preto e o segundo ao dado branco. Assim, por exemplo, $(4,3) \neq (3,4)$.

Recorde-se que, dados dois pares ordenados, diz-se que

$$(a,b) = (c,d) \Leftrightarrow a = c \text{ e } b = d$$
$$e \quad (a,b) \neq (c,d) \Leftrightarrow a \neq c \text{ ou } b \neq d.$$

Tem-se, pois

Faces do dado preto   Faces do dado branco

O espaço amostral U é, então, o conjunto de 36 pontos amostrais, exibidos a seguir

$$U = \{(1,1), (1,2), (1,3), (1,4), (1,5), (1,6)$$
$$(2,1), (2,2), (2,3), (2,4), (2,5), (2,6)$$
$$(3,1), (3,2), (3,3), (3,4), (3,5), (3,6)$$
$$(4,1), (4,2), (4,3), (4,4), (4,5), (4,6)$$
$$(5,1), (5,2), (5,3), (5,4), (5,5), (5,6)$$
$$(6,1), (6,2), (6,3), (6,4), (6,5), (6,6)\}$$

Seja X o evento: obter soma 5 nas faces que aparecem no lançamento dos dois dados.

Assim, X é o subconjunto de U formado pelos seguintes pontos amostrais:

$$X = \{(1,4), (4,1), (2,3), (3,2)\}$$

$$\text{Logo, } P(X) = \frac{4}{36} = \frac{1}{9}$$

Seja Y o evento: obter soma 8 nas faces que aprecem no lançamento dos dois dados. Desse modo, Y é o seguinte subconjunto de U:

$$Y = \{(1,7), (7,1), (2,6), (6,2), (3,5), (5,3), (4,4)\} \quad \text{e} \quad P(y) = \frac{7}{36}$$

OBSERVAÇÃO. Em problemas de probabilidade que envolvem dois eventos X e Y, a expressão:

Probabilidade de ocorrência de X ou Y

⇕

Probabilidade de ocorrência do evento X U Y
e é indicada por P(X U Y) ou P(X + Y)

Também,

Probabilidade de ocorrência de X e Y

⇕

Probabilidade do evento X ∩ Y
e é indicada por P(X ∩ Y) ou P(XY)

Ainda, pode-se indicar a probabilidade de ocorrência do evento C X por P(C X) ou P(X') ou P(~X)

EXEMPLO

Uma urna contém quinze bolas numeradas de 1 a 15. Considerem-se os seguintes eventos:

X: retirar um bola de número 7 ou 10.

Y: retirar uma bola de número maior que 4 e menor ou igual a 11.

X': retirar uma bola diferente de 7 e de 10.

Determine: P(X), P(Y), P(XUY), P(X ∩ Y) e P(X').

Têm-se: o espaço amostral U contém 15 pontos, X contém 2 pontos, Y contém 7 pontos, X U Y contém 7 pontos, X ∩ Y contém 2 pontos e X' contém 13 pontos amostrais.

Mais especificamente,

U = {1, 2, 3, 4, 5, 6, 7, 8, 9, 10, 11, 12, 13, 14, 15}

X = {7,10}

Y = {5, 6, 7, 8, 9, 10, 11}

X U Y = {5, 6, 7, 8, 9, 10, 11}

X ∩ Y = {7, 10}

X' = {1, 2, 3, 4, 5, 6, 8, 9, 11, 12, 13, 14, 15}

Assim,

$$\text{a) } P(X) = \frac{2}{15}$$

$$\text{b) } P(Y) = \frac{7}{15}$$

$$\text{c) } P(X \cup Y) = \frac{7}{15}$$

$$\text{d) } P(X \cap Y) = \frac{2}{15}$$

$$\text{e) } P(X') = \frac{13}{15}$$

Eventos Mutuamente Exclusivos

DEFINIÇÃO. Dois eventos dizem-se *mutuamente exclusivos* quando os conjuntos correspondentes são disjuntos.

Os dois teoremas a seguir são consequências diretas do teorema demonstrado no item 3.2, Álgebra de Boole dos Conjuntos, referente ao sub-item: *número de elementos de um conjunto.*

TEOREMA 1. Se A e B são eventos mutuamente exclusivos, então $P(A \cap B) = 0$ e $P(A \cup B) = P(A) + P(B)$

DEMONSTRAÇÃO. $P(A \cap B) = 0$ segue imediatamente da definição de eventos mutuamente exclusivos, uma vez que $A \cap B = \emptyset$

Se A e B são conjuntos disjuntos, segue do sub-item 3.2, citado, que

$$n(A \cup B) = n(A) + n(B)$$

Logo,

$$P(A \cup B) = \frac{n(A \cup B)}{N} = \frac{n(A)}{N} + \frac{n(B)}{N} = P(A) + P(B)$$

em que N é o número de elementos do espaço amostral onde A e B ocorrem.

TEOREMA 2. Para eventos quaisquer (mutuamente exclusivos ou não)

$$P(A \cup B) = P(A) + P(B) - P(A \cap B)$$

DEMONSTRAÇÃO. Viu-se no sub-item de 3.2, que se A e B são conjuntos quaisquer

251

$$n(A \cup B) = n(A) + n(B) - n(A \cap B)$$

Assim,

$$P(A \cup B) = \frac{n(A) + n(B) - n(A \cap B)}{N} =$$

$$= \frac{n(A)}{N} + \frac{n(B)}{N} - \frac{n(A \cap B)}{N} =$$

$$= P(A) + P(B) - P(A \cap B)$$

EXEMPLOS

Dois dados, um preto e outro branco, são lançados. Sejam A e B os eventos:

A: a soma das faces é 4

B: pelo menos um dado mostra a face 5.

Determine a probabilidade de ocorrência de:

(a) A   (b) B   (c) A ∪ B   (d) A'

O universo U do problema é um conjunto com 36 elementos, como já foi mostrado no exercício anterior. Têm-se:

a) o evento A é o subconjunto de U,
A = {(1,3), (2,2), (3,1)},

logo, $P(A) = \dfrac{3}{36} = \dfrac{1}{12}$

b) o evento B é o subconjunto de U,
        B = {(1,5), (2,5), (3,5), (4,5), (5,5), (5,6), (5,1),
        (5,2), (5,3), (5,4), (6,5)},

logo, $P(B) = \dfrac{11}{36}$

c) Como A ∩ B = Ø, então, P(A ∩ B) = 0, pois A e B

são eventos mutuamente exclusivos.

Assim, P (A ∪ B) = P(A) + P(B)= $\frac{3}{36} + \frac{11}{36} = \frac{14}{36}$

d) P (A') = P(~A) = 1 – P(A)=1 – $\frac{1}{12} = \frac{11}{12}$

Portanto,

$$P(A) + P(A') = \frac{1}{12} + \frac{11}{12} = 1$$

Probabilidade Condicional

Para introduzir o conceito de probabilidade condicional considere-se o seguinte exemplo.

Uma urna contém 8 bolas grandes, das quais 4 são brancas e 4 vermelhas e, ainda, 5 bolas pequenas, das quais 2 são brancas e 3 vermelhas. Portanto,

$$n\,(U) = 13$$

Sejam os eventos

X: uma bola branca é retirada aleatoriamente

Y: a bola retirada no evento X é grande.

Têm-se:

$$P(X) = 6/13 \quad e \quad P(Y) = \frac{4}{6}$$

Observe-se que $P(X) \neq P(Y)$ uma vez que o espaço amostral de X é constituído de 13 pontos dos quais 6 correspondem a bolas brancas. No caso do evento Y, o espaço amostral é de 6 pontos dos quais 4 correspondem a bolas grandes. Essa segunda probabilidade será referida como a probabilidade de ser retirada uma bola branca, sabendo-se que ela é grande. Tal fato é indicado por

$$P(Y/X)$$

que se lê: *probabilidade de ocorrência do evento Y, sabendo-se que o evento X já ocorreu.* Trata-se pois de uma *probabilidade condicional.*

O exemplo dado sugere a seguinte

DEFINIÇÃO. Seja X um evento em um espaço amostral qualquer com probabilidade não nula e seja Y qualquer evento nesse mesmo espaço amostral. A *probabilidade condicional* de que Y ocorra, sabendo-se que X já ocorreu é definida por

$$P(Y/X) = \frac{n(X \cap Y)}{n(x)} \quad (1)$$

Observe-se, no exemplo dado, que o subconjunto correspondente ao evento X é constituído de bolas brancas. O subconjunto correspondente ao evento Y é formado por bolas grandes. Logo,

$$X \cap Y = \{\text{bolas brancas}\} \cap \{\text{bolas grandes}\}$$
$$= \{\text{bolas brancas grandes}\}.$$

Assim, $n(X \cap Y) = 4$, enquanto $n(X) = 6$. Logo,

$$P(X/Y) = \frac{4}{6}$$

Se, na expressão (1) dividirmos o numerador e o denominador pelo número de elementos N do espaço amostral, têm-se

$$P(Y/X) = \frac{\dfrac{n(X \cap Y)}{N}}{\dfrac{n(X)}{N}} \quad \text{ou}$$

$$P(Y/X) = \frac{p(X \cap Y)}{P(X)} \quad (2)$$

De (2) ainda obtém-se a seguinte expressão

$$P(X \cap Y) = P(Y/X) \, P(X). \quad (3)$$

Eventos Independentes e Dependentes

Sejam X e Y eventos de um mesmo espaço amostral que ocorrem simultaneamente, mas Y não depende de X. Ou seja, a ocorrência de X não afeta a ocorrência de Y.

Por exemplo, se um dado é lançado duas vezes, sabendo-se que no primeiro resultado saiu a face 3, tal fato em nada ajuda a predição do resultado de um segundo lance. Esta situação é referida dizendo que o resultado do segundo lance é *independente* do primeiro.

Nestas condições,

$$P(Y/X) = P(Y),$$

a equação (3) fica,

$$P(X \cap Y) = P(X) \, P(Y)$$

e os eventos X e Y dizem-se *independentes.*

Tais considerações podem ser estendidas a mais de

dois eventos se a ocorrência de cada um não interferir na ocorrência dos demais.

Não é objetivo deste item ir além do já exposto. Nossa intenção foi a de mostrar o poder da lógica nos fundamentos da teoria moderna da probabilidade através da Teoria dos Conjuntos, cuja estrutura, reforçamos, é isomorfa à da álgebra booleana da Lógica Formal.

Observe-se ainda que não se cogitou aqui de espaços amostrais infinitos. Eles são tratados à luz do Cálculo Infinitesimal, fugindo assim aos objetivos deste livro.

Exercícios Propostos

PARTE III

APLICAÇÕES DA LÓGICA FORMAL

1) Dê exemplos de distorções da linguagem coloquial, corrigindo-as com a ajuda da Lógica Formal.
2) Mostre que para todo subconjunto A de uma álgebra booleana S,

$$CCA = A$$

3) Demonstre que:

   a) $A \subset B \Rightarrow CB \subset CA$

   b) $C(A \cup B) = CA \cap CB$

   C) $C(A \cap B) = CA \cup CB$

4) Use os chamados diagrama de Venn, para corroborar os exercícios 2) e 3).
5) Converta o número decimal 259 para os sistemas

numéricos de bases 2, 5 e 7.

6) Converta o número binário 101101 para os sistemas numéricos de bases 10, 5 e 3.

7) Expresse a função que representa cada um dos circuitos.

a)

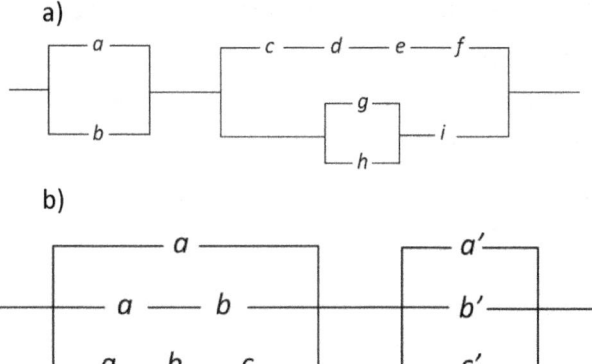

b)

8) Crie e resolva um problema utilizando a teoria clássica da probabilidade.

9) Três cartas são retiradas sucessivamente de um baralho de 52 cartas.

Sejam os eventos:

A: a ocorrência de um ás na primeira retirada

B: a de um ás na segunda

C: a de um ás na terceira

Usando a linguagem usual, exponha o significado de:

a) $P(A'B)$

b) $P(A+B)$

c) $A'B'C'$

Bibliografia

BLACKBURN, S. *Dicionário Oxford de Filosofia*. Rio de Janeiro: Zahar, 1997.

BOYER, C. *História da Matemática*. São Paulo: Edgar Blücher, 1974.

DANTZIG, T. *Número*: a linguagem da ciência. Rio de Janeiro: ZAHAR, 1970.

EVES, H. *Introdução à história da Matemática*. São Paulo: Unicamp, 1997.

LEVIN, J. *Estatistica Aplicada a Ciência humanas*. São Paulo: Harbra, 1987.

LIMA, A.C. O Banquete de Hilbert ou um diálogo sobre o infinito. In: *Sitientibus*. Ed. Universidade Estadual de Feira de Santana, Feira de Santana: 1982.

LIMA, A. C. Lógica e Linguagem. Salvador: Centro Editorial e Didático da UFBA. 1993.

MORETTIN, L.G. *Estatistica Básica*. São Paulo: Makron Books, 1999.

POPPER, K. R. *A Lógica da pesquisa cientifica*. São Paulo: Cultrix/Edusa, 1980.

WHITESITT, J.E. Booleean Algebra and its applications. Reading, Mass. Addison Wesley, 1961.

Apêndices

Sugestões e Respostas a Problemas Propostos

PARTE I

2) Sugestão:

Considere um poste de altura desconhecida x e uma estaca fincada paralelamente a ele, de altura conhecida h. Antes ou depois do meio dia, a luz do Sol projeta sombras de comprimentos diferentes de zero, proporcionais a x e a h, que podem ser medidas. Use propriedades de triângulos semelhantes para o cálculo de x. Observe que, devido à grande distância entre o Sol e a Terra, pode-se supor que os raios do Sol projetam-se paralelamente sobre a mesma.

3) $L = \ell$, em que ℓ é o lado do quadrado dado e L o lado do quadrado procurado.

5) Sugestão:

Considere, por exemplo, o triângulo pitagórico, cujos lados medem 3 cm, 4cm e 5 cm. Sobre cada um deles construa um quadrado e observe suas áreas.

PARTE II

2) Sugestão:

Sejam a/b e c/d dois elementos quaiquer de Q. Nestas condições, a, b, c, d são elementos de Z sendo b e d diferentes de zero. Verifique se a/b –

c/d é elemento de Q.

3) Sugestão:

Parta do fato de que aa' = a(a'+ 0).

12)   Sugestão: Use a definição de implicação e os axiomas da álgebra booleana.

17)   f) Você ignora bastante tempo uma necessidade e ela não desaparecerá ou você insiste bastante tempo em que há uma necessidade e ela não aparecerá.

21)   a) Ninguém pode falar a verdade e ninguém confunde a situação.

   b) Ninguém confunde a situação e alguém não pode falar a verdade.

23)   a) É um argumento válido pela Regra da Dedução ou Modus Ponens.

   b) Não é um argumento válido por não ser uma tautologia.

   c) É um argumento válido pela Regra da Contraposição ou Modus Tollens.

   f) É um argumento válido pela Regra da Contraposição e pela Lei da Transitividade.

   g) É uma falácia.

PARTE III

5) $259_{10} = 100000011_2$

   $259_{10} = 2014_5$

6) $101101_2 = 45_{10}$

7)   a) $(a+b) [(cdef + (g+h)i]$

   b) $(a + ab + abc) (a' + b' + c')$

9) a) Probabilidade de não ocorrer um ás na primeira retirada e ocorrer um ás na segunda.

   b) Probabilidade de ocorrer um ás na primeira ou na segunda retirada ou em ambas as retiradas.

   c) Nenhum ás na primeira, segunda e terceira retiradas.

Excerto do Diálogo *Mênon* de Platão

Mênon (80d-86c)

Mênon – E como hás-de encontrar uma coisa de que não sabes absolutamente nada? Na tua ignorância, que princípio tomarás para te guiar nesta investigação? E se, por acaso, encontrasses a virtude, como a reconhecerias, se nunca a conheceste?

Sócrates – Compreendo, Mênon, o que queres dizer. Que magnífico argumento para uma discussão! Não é possível o homem procurar o que já sabe, nem o que não sabe, porque não necessita de procurar aquilo que sabe, e, quanto ao que não sabe, não podia procurá-lo, visto não saber sequer o que havia de procurar.

Mênon – Não te parece bom esse raciocínio, Sócrates?

Sócrates – Decerto que não.

Mênon – Dizes-me porquê?

Sócrates – Sim, porque tenho ouvido falar, homens e mulheres hábeis, em coisas divinas.

Mênon – Que diziam?

Sócrates – Coisas belas e verdadeiras, a meu ver.

Mênon – Que coisas eram essas, e quem são eles?

Sócrates – Sacerdotes e sacerdotisas que se aplicaram a investigar tudo quanto respeita ao seu ministério. Também tenho por verdadeiramente divinos Píndaro e outros poetas. É isto que dizem: examina se será justo. Dizem que a alma é imortal, e tão depressa emigra (chamando-se a isto morrer) como reaparece sem nunca ser destruída; por isso convém viver o mais piedosamente possível, porque as almas daqueles que pagaram a Perséfone a dívida das suas antigas faltas, são devolvidas à luz do Sol, ao fim de nove anos. Destas almas saem os reis ilustres, celebres pelo seu poder, os homens notáveis pelo seu saber, honrados como santos heróis pelos mortais. Assim, a alma imortal, nascida muitas vezes, tendo contemplado todas as coisas sobre a terra e na morada de Hades, aprendeu tudo quanto é possível. Portanto, não é para admirar que possua, quer acerca da virtude quer de tudo o mais, reminiscências dos seus conhecimentos anteriores. Sendo solidária toda a natureza e tendo a alma prévio conhecimento de tudo, nada impedirá que, relembrando uma coisa qualquer (é a isto que os homens chamam aprender), encontre todas as outras, por si mesma, sempre que tenha coragem e não se canse de investigar. Com efeito, o que se chama. investigar e aprender não é mais que recordar. Não devemos, portanto, dar crédito ao argumento, para uso de palradores, que apresentaste há pouco; tornar-nos-ia preguiçosos e só agrada aos caracteres frouxos. O meu, pelo contrário, incita ao trabalho e à investigação. É por isso que o considero verdadeiro; e quero, por consequência, investigar contigo em que consiste a virtude.

Mênon – Está bem, Sócrates. Mas limitar-te-ás a afirmar que não aprendemos nada, e aquilo a que chamamos aprender não é mais do que recordar? Poderias demonstrar-me que é realmente assim?

Sócrates – Já te disse, Mênon, que és muito astuto. Preguntas-me se posso ensinar-te uma coisa, quando acabo de afirmar que não se aprende nada e que aprender se resume em recordar, para me fazeres cair em contradição comigo mesmo.

Mênon – Não tinha essa intenção, Sócrates, por Zeus. Falei assim apenas por hábito. No entanto, se puderes mostrar-me que é como dizes, não deixes de o fazer.

Sócrates – Não é nada fácil, mas vou tentá-lo, para te ser agradável. Chama um dos muitos escravos que te acompanham, aquele que quiseres. e far-te-ei ver o que desejas.

Mênon – De bom grado. Vem cá tu.

Sócrates – É grego ou sabe grego?

Mênon – Muito bem, nasceu em minha casa.

Sócrates – Toma atenção: vê se parece recordar ou se aprende comigo.

Mênon – Estarei atento.

Sócrates – Diz-me, rapaz, sabes que isto é um quadrado?

Escravo – Sim.

Sócrates – O espaço quadrado, não tem iguais estas quatro linhas?

Escravo – Sim.

Sócrates – E estas outras linhas que o atravessara pelo centro, serão também iguais?

Escravo – Sim.

Sócrates – Não poderá haver um espaço semelhante que seja maior ou mais pequeno?

Escravo – Sem dúvida.

Sócrates – Se este lado medisse dois pés, e este outro também dois pés, quantos pés mediria o todo? Repara bem: Se este lado fosse de dois pés e aquele de um pé somente, não é verdade que o espaço seria de uma vez dois pés?

Escravo – Sim.

Sócrates – Mas, como o segundo lado tem igualmente dois pés, não será o mesmo que duas vezes dois?

Escravo – Sim.

Sócrates – Portanto, o espaço é agora de duas vezes dois pés?

Escravo – Sim.

Sócrates – Quantos são, duas vezes dois pés? Trata de fazer a conta, diz-me o resultado.

Escravo – Quatro, Sócrates.

Sócrates – Não se poderia fazer um espaço duplo deste, mas semelhante, tendo, as suas linhas iguais?

Escravo – Sim.

Sócrates – Quantos pés mediria?

Escravo – Oito.

Sócrates- Vamos, trata de me dizer, qual será a grande-

Lógica Formal – Origens e Aplicações

za de cada linha do novo quadrado: as deste são de dois pés; as do quadrado duplo, de quantos serão?

Escravo – É evidente, Sócrates, que terão o dobro.

Sócrates – Estás vendo, Mênon, que nada lhe ensino e que me limito a interrogar? Neste momento julga saber qual é a extensão do lado de um quadrado de oito pés. Não te parece?

Mênon – Sim.

Sócrates – Mas sabe-o, porventura?

Mênon – Não, certamente.

Sócrates – Não está supondo que este lado seria duplo do precedente?

Mênon – Sim.

Sócrates – Pois observa como a memória vai despertar sucessivamente. (ao escravo): Tu, responde-me. Dizes que o espaço duplo se forma da linha dupla? Repara bem: não me refiro a um espaço comprido deste lado e curto daquele; pretendo uma superfície como esta, igual em todos os sentidos, mas que tenha uma extensão dupla, ou seja de oito pés. Ainda pensas que se forma sobre a linha dupla?

Escravo – Penso que sim.

Sócrates – Se acrescentarmos a esta linha outra do mesmo comprimento, a nova linha não será dupla da primeira?

Escravo – Sem dúvida.

Sócrates – Então, o espaço de oito pés construir-se-á sobre esta nova linha, traçando quatro linhas semelhantes?

Escravo – Sim.

Sócrates – Tracemos, então, quatro linhas semelhantes a esta. Chamas a isto um espaço de oito pés?

Escravo – Sim.

Sócrates- Mas este novo quadrado não compreende outros quatro, cada um dos quais é igual ao primeiro, que mede quatro pés?

Escravo – Sim.

Sócrates – Então qual é a grandeza dele? Não é quatro vezes maior?

Escravo – Sem dúvida.

Sócrates – Mas o que é quatro vezes maior é duplo?

Escravo – Não, por Zeus!

Sócrates – Então, que é?

Escravo – Quádruplo.

Sócrates – Portanto, meu rapaz, com a linha dupla não se forma um espaço duplo, mas sim quádruplo.

Escravo – É verdade.

Sócrates – Quatro vezes quatro, não são dezassseis?

Escravo – Sim.

Sócrates – Que linha nos dará, então, um espaço de oito

pés? Não foi com esta que se formou o espaço quádruplo?

Escravo – Foi.

Sócrates – E o espaço de quatro pés, não se forma com a linha que é metade da anterior?

Escravo – Sim.

Sócrates – Bem. O espaço de oito pés não é duplo deste, e metade daquele?

Escravo – Sem dúvida.

Sócrates – Não se formará, então, com uma linha maior do que esta e mais pequena do aquela? Que te parece?

Escravo – Parece-me que sim.

Sócrates – Muito bem. Responde sempre conforme a tua opinião. Mas diz-me: esta primeira linha não media dois pés, e esta outra quatro?

Escravo – Sim.

Sócrates – É necessário, portanto, que a linha do espaço de oito pés seja mais comprida que a de dois pés e mais curta que a de quatro.

Escravo – Sim, é necessário.

Sócrates – Vê se me podes dizer qual a sua extensão.

Escravo – Três pés.

Sócrates – Para esta linha medir três pés, teremos que lhe acrescentar metade do seu comprimento: quer dizer, um pé aos dois pés. Agora, a este outro lado, juntemos também mais um, aos dois pés. Formamos assim o espaço de que falas.

Escravo – Sim.

Sócrates – Mas se o espaço tem três pés por este lado e três por aquele não será de três vezes três pés?

Escravo – Assim parece.

Sócrates – E três vezes três pés quantos são?

Escravo – Nove pés.

Sócrates – Mas quantos pés deveria ter a superfície, para ser dupla da primeira?

Escravo – Oito.

Sócrates – Então o espaço de oito pés também se não forma com a linha de três pés?

Escravo – É verdade que não.

Sócrates – Então com que linha se forma? Trata de no-lo dizer ao certo; e, se não queres exprimi-la em números, indica-a na figura.

Escravo – Por Zeus! Sócrates não sei.

Sócrates – Viste, Ménone, o percurso que ele fez no caminho da reminiscência? A princípio, julgava saber qual é o lado do quadrado de oito pés (e ainda o não sabe). Julgava sabê-lo e respondia com segurança, como se o soubesse, sem suspeitar da sua ignorância. Agora, já avalia a dificuldade e, embora não saiba, ao menos já não supõe que sabe.

Mênon – É verdade.

Sócrates – Não estará agora em melhor disposição relativamente às coisas que ignorava?

Mênon – Concordo.

Sócrates – Compelindo-o a duvidar e entorpecendo-o, como faz a tremelga, causamos-lhe algum mal?

Mênon – Creio que não.

Sócrates – Pelo contrário, facilitamos-lhe a marcha para descobrir a verdade, porque daqui em diante, embora não saiba, terá o prazer de investigar, ao passo que, anteriormente, não vacilaria em afirmar repetir perante uma multidão, com inteira confiança, que o duplo de um quadrado se forma sobre o dobro do lado.

Mênon – É provável.

Sócrates – Julgas que se preocuparia a investigar ou a aprender o que supunha saber, conquanto o não soubesse antes de começar a duvidar, e, convicto da sua ignorância, sentisse o desejo de saber?

Mênon – Penso que não, Sócrates.

Sócrates – O entorpecimento tornou-se-lhe, desta maneira, proveitoso.

Mênon – Parece que sim.

Sócrates – Observa agora o que, partindo da dúvida, descobrirá comigo, sem eu lhe ensinar nada, pois tenciono apenas interrogá-lo. Vê se consegues surpreender-me a ensinar-lhe ou a explicar-lhe alguma coisa, em vez de me limitar a pedir a sua opinião. (Ao escravo): Tu, diz-me: este espaço não é de quatro pés? Compreen-

271

des?

Escravo – Sim.

Sócrates – Poderemos juntar-lhe mais este, que lhe é igual?

Escravo – Porque não?

Sócrates – E um terceiro, idêntico aos outros dois?

Escravo – Sim.

Sócrates – Não podemos completar a figura colocando este outro espaço naquele ângulo?

Escravo – Sem dúvida.

Sócrates – Não teremos assim quatro espaços iguais?

Escravo – Sim.

Sócrates – E todos juntos, quantas vezes são maiores do que este só?

Escravo – Quatro vezes.

Sócrates – Mas nós queríamos apenas um espaço duplo, lembras-te?

Escravo – Efectivamente.

Sócrates – Estas linhas que vão de um ângulo a outro (diagonalmente) não dividem em dois cada um destes espaços?

Escravo – Sim.

Sócrates – Não obtemos quatro linhas iguais que limitam um novo espaço?

Escravo – Assim é.

Sócrates- Repara bem. Qual será a grandeza deste espaço?

Escravo – Não sei.

Sócrates – Estas linhas (diagonais) não dividem ao meio cada um dos quatro espaços? Sim, ou não?

Escravo – Sim.

Sócrates – Quantos desses espaços semelhantes há no espaço do meio?

Escravo – Quatro.

Sócrates – E neste aqui, quantos há?

Escravo – Dois.

Sócrates – Que vem a ser quatro, em relação a dois?

Escravo – 0 dobro.

Sócrates – Então, quantos pés mede este espaço?

Escravo – Oito pés.

Sócrates – E sobre que linha se construiu?

Escravo – Sobre esta.

Sócrates – A linha que vai de um ângulo a outro, no espaço de quatro pés?

Escravo – Sim.

Sócrates – Pois a esta linha os sofistas chamam diâmetro. Se tal é o seu nome, o espaço duplo forma-se, como dizes, escravo de Mênon, sobre o diâmetro.

Escravo – É verdade, Sócrates.

Sócrates – Que te parece, Mênon? Deu alguma resposta que não fosse propriamente sua?

Mênon – Nenhuma, falou por si mesmo.

Sócrates – Contudo, não sabia, como anteriormente verificámos.

Mênon – É certo.

Sócrates – Então, estas opiniões existiam nele ou não?

Mênon – Existiam nele.

Sócrates – Portanto, quem não sabe tem em si opiniões verdadeiras acerca daquilo que ignora.

Mênon – Assim parece.

Sócrates – As opiniões verdadeiras despertam nele como um sonho. Se o interrogarem amiúde e de diversas maneiras acerca dos mesmos assuntos, podes estar certo de que chegará a possuir um conhecimento tão exato como o mais sabedor.

Mênon – É provável.

Sócrates- Por conseqüência, poderá saber sem que ninguém o ensine, mediante um simples interrogatório, encontrando em si mesmo a ciência, no seu próprio interior?

Mênon – Sim.

Sócrates – Mas, encontrar em si mesmo a ciência, não será recordar-se?

Mênon – Sem dúvida.

Sócrates – E não será certo que o teu escravo adquiriu alguma vez a ciência que possui, ou que a possuiu sempre?

Mênon – Sim.

Sócrates – Mas, se a tivesse possuído sempre, teria sido sempre sábio e, se a adquiriu, não foi, seguramente, nesta existência. Ou recebeu, porventura, lições de geometria? Descobrirá da mesma forma, as outras partes da geometria e todas as outras ciências. Ter-lhe-ia alguém ensinado tudo isto? Deves sabê-lo, visto que nasceu e se criou em tua casa.

Mênon – Tenho a certeza de que ninguém lho ensinou.

Sócrates – Contudo, eram dele ou não as opiniões que lhe ouvimos?

Mênon – Eram dele, incontestavelmente, Sócrates.

Sócrates – Logo, se as não adquiriu na vida actual, não será forçoso admitir que as adquiriu anteriormente, e que aprendeu antecipadamente o que sabe?

Mênon – Assim parece.

Sócrates – Quando? No tempo em que ainda não era homem?

Mênon – Provavelmente.

Sócrates – Por conseguinte, se desde que é homem, e já antes de o ser, tem em si opiniões verdadeiras que se convertem em ciência quando despertadas pelo interrogatório, não será verdade que a sua alma as possuiu sempre? Está bem de ver que, em toda a extensão do tempo, ou é homem ou não é.

Mênon – Evidentemente.

Sócrates – Portanto, se a verdade das coisas existe sempre na nossa alma, esta há-de ser imortal. É necessário, pois, que procuremos investigar e recordar corajosamente, aquilo que, de momento, não sabemos, quero dizer, aquilo que esquecemos, e que nos esforcemos por despertar a sua lembrança.

Mênon – Não saberia explicar-te como, Sócrates, mas parece-me que tens razão.

Sócrates – A mim, afigura-se-me a mesma coisa, Mênon. Para falar verdade, não me atreveria a garantir tudo quanto disse. Mas estou disposto a sustentar com palavras e obras, até onde puder, que a opinião de que devemos indagar o que ignoramos nos torna melhores, mais tenazes e menos indolentes do que a opinião de que é impossível descobrir a verdade e inútil procurá-la.

Mênon – Nesse ponto concordo contigo, Sócrates.

Sócrates – Então, visto estarmos de acordo em reconhecer que se deve procurar saber o que se ignora, queres investigar comigo em que consiste a virtude?

Tradução de A. Lobo Vilela

http://www.educ.fc.ul.pt/docentes/opombo/traducoes/menon.htm

www.ingramcontent.com/pod-product-compliance
Lightning Source LLC
Chambersburg PA
CBHW071412180526
45170CB00001B/85